U0209554

时频分析与盲信号处理

高勇 著

国防工业出版社

·北京·

内 容 简 介

本书系统地阐述了盲信号处理的主要需求和内容,介绍了二维信号经时频变换成三维空间后新型时频特征曲线的提取方法、物理内涵以及这些曲线形态与信号幅度、频率、相位调制特征的映射关系,并重点介绍了利用这些新型特征曲线进行特征参数估计、调制识别、符号同步、符号识别的具体方法。

本书既可以作为高等院校相关专业高年级本科生和研究生的教材,也可作为从事雷达、通信等盲信号处理的工程技术人员、科研工作者的参考资料。

图书在版编目(CIP)数据

时频分析与盲信号处理/高勇著 . —北京:国防工业出版社,2017.1(2020.6 重印)
ISBN 978 - 7 - 118 - 10740 - 1

Ⅰ. ①时… Ⅱ. ①高… Ⅲ. ①标准时间频率发布—研究 ②盲信号处理—研究 Ⅳ. ①P127.1 ②TN911.7

中国版本图书馆 CIP 数据核字(2016)第 258517 号

※

*国防工业出版社*出版发行

(北京市海淀区紫竹院南路 23 号 邮政编码 100048)
北京虎彩文化传播有限公司印刷
新华书店经售

*

开本 880×1230 1/32 印张 8⅛ 字数 228 千字
2020 年 6 月第 1 版第 2 次印刷 印数 2001—3000 册 定价 86.00 元

(本书如有印装错误,我社负责调换)

国防书店:(010)88540777 发行邮购:(010)88540776
发行传真:(010)88540755 发行业务:(010)88540717

　　在深空自主无线电通信、电子侦察等领域,针对非合作信号的盲处理时,需要在无先验信息条件下,完成信号的检测、调制类型识别、特征参数估计,以及数字信号的符号同步、盲解调等处理,有些情况下,还需要通过对特征参数特异性的判决,实现目标个体识别,这些都对盲信号处理的理论与技术提出了新的更高的要求。

　　时频分析方法是一种新兴的信号处理方法,它能够将二维的信号变换到时、频、幅三维空间,并且二维信号中的幅度、频率、相位等调制特征都能够在时、频、幅三维空间分布上找到相应的映射关系。因此,时频分析方法在盲信号处理领域有非常广阔的应用前景。

　　本书主要针对从事雷达、通信信号处理的工程技术人员,以及高等院校电子工程、信号与信息处理等专业的高年级本科生和研究生,重点介绍时频分析方法在盲信号处理中的应用,特别是基于提出的新的时频特征曲线开展了特征参数估计、信号自动识别等相关内容研究,希望能对他们有所帮助。

　　本书共分 10 章。

　　第 1 章绪论,综述了盲信号处理的基本需求、主要内容、技术特点以及发展现状;回顾了时频分析方法的发展历程,介绍了时频分析方法的分类,以及各类时频分析方法的特点;结合盲信号处理需求,通过分析提出了采用的时频分析类型,并介绍了本书基本研究内容。

　　第 2 章新型时频特征曲线及提取方法,根据对幅度、频率、相位的检测性的比较,选定了时频分析的基函数;介绍了传统时频脊基本概念和时频脊线的提取方法;从盲信号调制物理量表达为出发点,研究提出了载频时频特征曲线、时频脊系数曲线、时频差值脊线、频率维特征曲线等新型时频特征曲线,介绍了这些新型特征曲线的基本概念、提取方法和所表达的物理内涵。

第 3 章典型信号时频特征曲线形态分析,介绍了目前盲信号处理中 11 种典型信号类型及其数学表达式;从公式推导和信号仿真两个角度,分析了 11 种典型信号的新型时频特征曲线以及时频脊线的特征形态;最后总结了各特征曲线的形状类型,为后续盲信号处理奠定了基础。

第 4 章基于时频特征的调制参数估计,根据典型信号调制参数分布及变化规律与各类特征曲线形态之间的内在联系,选取与调制物理量相对应的特征曲线进行调制参数估计和符号同步处理,确保具有相对最优的估计性能。

第 5 章基于时频特征的调制识别特征提取,基于建立的可人工观察的各调制类型信号的特征曲线空间,利用特征曲线形态与典型信号调制参数之间的映射关系,设计了时频脊线二等分标准差比值特征、时频脊线概率特征、时频脊系数二等分均值比值法、时频脊系数曲线方差特征、时频特征曲线符号率特征、短时频率极小极大特征、时频特征聚类特征等新的机器可识别的调制识别特征体系。

第 6 章调制识别分类器设计,首先从模式识别角度,分别介绍了贝叶斯理论的假设检验和判决准则,以及识别树分类器、支持向量机分类器和混合分类器等,并分别利用第 5 章提出的调制识别特征和第 3 章提出的特征曲线进行了调制类型识别仿真和评估。

第 7 章基于时频特征的数字信号盲解调,利用相应时频特征曲线所表达的物理特征,提出了 ASK、CPFSK/FSK、PSK 等信号的符号识别方法,进行了常规条件以及存在多普勒扩散等条件下的模拟仿真,并与理论解调性能进行了比较分析。

第 8 章辐射源个体识别特征提取,开展了基于时频特征曲线为主的个体识别技术研究,重点介绍了辐射源个体识别特征产生根源及特点,介绍了辐射源暂态响应特征、稳态响应特征、非线性非高斯特征以及辐射源机械扫描特征的提取方法。

第 9 章基于迭代结构的时频函数快速算法,主要从提高时频处理效率角度,利用指数遗忘分布能够进行迭代运算的特点,研究了 morlet 小波变换和短时傅里叶变换的窗口函数设计及其相应的迭代运算算法;针对小波变换的相容性条件,提出了相应的时频窗口参数设置方法。

第 10 章过采样数据的压缩技术,为解决高采样率与数据存储、传输、处理效率之间矛盾,介绍了两种数据压缩方法:一种为过采样信号的抽取技术;另一种为数据压缩和重构技术。

本书是作者在清华大学博士论文的基础上,结合长期工作实践编写而成的。本书所提出的新型时频特征曲线和调制识别特征等创新性成果,离不开博士生导师陆建华院士以及指导老师黄振副研究员的严格要求和精心指导,涉及的辐射源个体识别技术部分内容也包含了同事宋家乾助理研究员的辛勤劳动,数据压缩与重构内容部分采用了王莹桂博士的研究成果。另外,本书撰写过程中,刘必鎏工程师、刘冰雁研究实习员在编排、校订等方面做了大量的工作,在此一并表示感谢。

为便于理解,本书在编写过程中既注重基本理论、基本概念和基本方法的阐述,又力求数学推导与数据仿真的统一。但是,由于著者水平有限,书中不可避免还存在一些疏漏和错误,恳请广大读者批评指正。

高勇

2016 年 10 月

CONTENTS | 目　录

第1章　绪论 ……………………………………………………… 1

1.1　盲信号处理背景与需求 …………………………………… 1
　　1.1.1　盲信号处理背景 ………………………………… 1
　　1.1.2　盲信号处理基本内容 …………………………… 2
1.2　盲信号处理现状 …………………………………………… 3
　　1.2.1　特征参数估计研究现状 ………………………… 3
　　1.2.2　调制识别研究现状 ……………………………… 4
　　1.2.3　符号识别研究现状 ……………………………… 6
　　1.2.4　辐射源个体识别现状 …………………………… 6
1.3　时频分析方法发展历程与分类 …………………………… 8
　　1.3.1　时频分析方法的基本发展历程 ………………… 8
　　1.3.2　时频分析方法的分类与基本特点 ……………… 9
1.4　基本研究方法和内容 ……………………………………… 11
　　1.4.1　基本研究方法 …………………………………… 11
　　1.4.2　基本研究内容 …………………………………… 12

第2章　新型时频特征曲线及提取方法 ………………… 14

2.1　引言 ………………………………………………………… 14
2.2　时频变换与时频函数选取 ………………………………… 14
2.3　传统时频脊线及提取方法 ………………………………… 21
2.4　载频时频曲线及提取方法 ………………………………… 26
2.5　时频差值脊线及提取方法 ………………………………… 28
2.6　时频脊系数曲线及提取方法 ……………………………… 30

2.7 其他时频曲线及提取方法 ··················· 32

2.8 本章小结 ····································· 33

第3章 典型信号时频特征曲线形态分析 ·········· 34

3.1 引言 ··· 34

3.2 典型信号的表达方式 ··························· 34

3.3 典型信号时频脊线特征 ························· 41

3.4 典型信号载频时频曲线特征 ····················· 50

3.5 典型信号时频脊系数曲线特征 ··················· 60

3.6 典型信号零中频相位曲线特征 ··················· 66

3.7 典型信号频谱冲激响应特征 ····················· 73

3.8 典型信号短时频谱曲线特征 ····················· 81

3.9 本章小结 ····································· 85

第4章 基于时频特征的调制参数估计 ·········· 87

4.1 引言 ··· 87

4.2 基于时频特征曲线的载频估计 ··················· 87

4.3 基于时频特征的符号率估计和符号同步 ············· 89

    4.3.1 不同曲线形状的符号率估计 ··············· 89

    4.3.2 数字信号符号同步及符号率修正 ··········· 92

4.4 相位调制信号符号率估计 ······················· 94

    4.4.1 符号率估计算法 ······················· 94

    4.4.2 性能仿真及分析 ······················· 97

    4.4.3 结论 ······························· 101

4.5 频率调制信号符号率估计 ······················· 101

    4.5.1 符号率估计算法 ······················· 101

    4.5.2 性能仿真及分析 ······················· 103

    4.5.3 结论 ······························· 108

4.6 幅度调制信号符号率估计 ······················· 108

    4.6.1 符号率估计算法 ······················· 108

    4.6.2　性能仿真与分析 ································ 109

4.7　幅相调制信号符号率估计 ····························· 112

    4.7.1　符号率估计算法 ································· 112

    4.7.2　性能仿真与分析 ································· 112

4.8　本章小结 ·· 113

第5章　基于时频特征的调制识别特征提取 ········· 115

5.1　引言 ··· 115

5.2　时频脊线二等分标准差比值特征 ······················ 116

5.3　时频脊线[$-\varepsilon,\varepsilon$]概率特征 ···························· 118

5.4　时频脊系数曲线二等分均值比值特征 ··················· 120

5.5　时频脊系数曲线方差特征 ···························· 122

5.6　时频特征曲线符号率特征 ···························· 124

5.7　短时频谱曲线极小、极大值特征 ······················ 126

5.8　时频值聚类特征 ···································· 127

5.9　其他调制识别特征 ································· 128

    5.9.1　信号频谱特征 ··································· 128

    5.9.2　平方律特征 ···································· 129

5.10　本章小结 ··· 129

第6章　调制识别分类器设计 ····················· 131

6.1　引言 ··· 131

6.2　基于贝叶斯理论的调制识别 ·························· 131

    6.2.1　假设检验 ····································· 131

    6.2.2　最小错误概率准则 ································ 132

    6.2.3　最小风险判决准则 ································ 134

    6.2.4　信噪比对概率密度影响 ····························· 135

6.3　基于识别树的自动识别方法 ·························· 139

    6.3.1　基本概念 ····································· 139

    6.3.2　分类树的建立 ··································· 141

6.3.3　分类树的剪枝 ·· 142

6.3.4　数字信号识别树设计 ······································ 143

6.4　基于支持向量机的自动识别方法 ·································· 145

6.4.1　基本概念 ·· 145

6.4.2　核函数 ·· 146

6.4.3　多类 SVM ··· 147

6.4.4　SVM 训练与识别 ·· 148

6.5　基于混合方法的自动识别方法 ···································· 149

6.5.1　混合分类器种类 ··· 149

6.5.2　SVM 后接分类树 ·· 150

6.5.3　基于 SVM 的分类树 ······································ 150

6.6　盲信号调制识别仿真 ·· 151

6.6.1　基于识别树的通信数字信号调制识别性能仿真 ···· 151

6.6.2　基于支持向量机的雷达信号调制识别性能仿真 ···· 156

6.7　本章小结 ··· 158

第7章　基于时频特征的数字信号盲解调 ······················· 159

7.1　引言 ·· 159

7.2　相位调制信号解调盲算法 ·· 159

7.3　频率调制信号盲解调算法 ·· 162

7.4　幅度调制信号盲解调算法 ·· 163

7.5　性能仿真与分析 ··· 163

7.6　本章小结 ··· 170

第8章　辐射源个体识别特征提取 ······························· 171

8.1　引言 ·· 171

8.2　个体识别特征产生根源及表现 ···································· 172

8.2.1　个体识别特征产生的根源及表现 ····················· 172

8.2.2　个体识别特征的原则和条件 ·························· 173

8.3　辐射源信号暂态响应特征 ·· 174

8.3.1 暂态响应特征及其表征 ‥‥‥‥‥‥‥‥‥‥‥ 174

8.3.2 暂态响应包络提取 ‥‥‥‥‥‥‥‥‥‥‥‥‥ 175

8.3.3 暂态响应特征提取 ‥‥‥‥‥‥‥‥‥‥‥‥‥ 178

8.4 辐射源信号的稳态特征 ‥‥‥‥‥‥‥‥‥‥‥‥‥‥ 179

8.4.1 包络稳态特征 ‥‥‥‥‥‥‥‥‥‥‥‥‥‥‥ 180

8.4.2 瞬时相位特征 ‥‥‥‥‥‥‥‥‥‥‥‥‥‥‥ 180

8.4.3 瞬时频率特征 ‥‥‥‥‥‥‥‥‥‥‥‥‥‥‥ 181

8.4.4 信道倒谱特征 ‥‥‥‥‥‥‥‥‥‥‥‥‥‥‥ 182

8.4.5 包络分形特征 ‥‥‥‥‥‥‥‥‥‥‥‥‥‥‥ 184

8.5 辐射源信号的非线性、非高斯等特征 ‥‥‥‥‥‥‥‥ 185

8.5.1 信号包络高阶矩 J 特征 ‥‥‥‥‥‥‥‥‥‥ 185

8.5.2 信号包络的峰度特征提取技术 ‥‥‥‥‥‥‥‥ 186

8.6 机械扫描雷达扫描周期特征 ‥‥‥‥‥‥‥‥‥‥‥‥ 187

8.6.1 圆周扫描雷达的扫描周期特征 ‥‥‥‥‥‥‥‥ 187

8.6.2 圆周扫描雷达扫描周期的计算 ‥‥‥‥‥‥‥‥ 188

8.7 本章小结 ‥‥‥‥‥‥‥‥‥‥‥‥‥‥‥‥‥‥‥‥ 190

第9章 基于迭代结构的时频函数快速算法 ‥‥‥‥‥‥ 192

9.1 引言 ‥‥‥‥‥‥‥‥‥‥‥‥‥‥‥‥‥‥‥‥‥‥ 192

9.2 指数遗忘分布及其快速算法 ‥‥‥‥‥‥‥‥‥‥‥‥ 193

9.3 基于指数结构的小波函数快速算法 ‥‥‥‥‥‥‥‥‥ 193

9.3.1 余弦型窗函数及其快速算法 ‥‥‥‥‥‥‥‥‥ 194

9.3.2 升余弦型窗函数及其快速算法 ‥‥‥‥‥‥‥‥ 195

9.3.3 双指数型窗函数及其快速算法 ‥‥‥‥‥‥‥‥ 197

9.4 相容性条件与小波函数参数设置 ‥‥‥‥‥‥‥‥‥‥ 198

9.4.1 余弦型窗函数小波 ‥‥‥‥‥‥‥‥‥‥‥‥‥ 198

9.4.2 升余弦型窗函数小波 ‥‥‥‥‥‥‥‥‥‥‥‥ 199

9.4.3 双指数型窗函数小波 ‥‥‥‥‥‥‥‥‥‥‥‥ 200

9.4.4 高斯型窗函数小波 ‥‥‥‥‥‥‥‥‥‥‥‥‥ 200

9.5 性能比较仿真与运算复杂度分析 ‥‥‥‥‥‥‥‥‥‥ 200

9.5.1 PSK 信号符号率估计性能仿真 ‥‥‥‥‥‥‥ 201

9.5.2　DPSK 信号盲解调性能仿真 ·············· 202

9.5.3　运算量和性能比较分析 ················ 202

9.6　本章小结 ··································· 205

第 10 章　过采样信号的压缩技术 ··············· 206

10.1　引言 ······································· 206

10.2　采样信号的抽取 ··························· 207

10.3　压缩重构技术概述 ························· 208

10.3.1　采样信号的压缩重构 ················ 209

10.3.2　采样信号的多任务压缩重构 ··········· 211

10.4　一般性采样信号的多任务压缩重构 ········· 211

10.4.1　先验信息共享模型 ·················· 212

10.4.2　基于拉普拉斯先验的多任务重构算法 ···· 216

10.4.3　降低参数维数的多任务重构算法 ········ 219

10.5　仿真实验与分析 ··························· 227

10.5.1　采样信号的抽取算法仿真 ············· 227

10.5.2　一般性稀疏信号的多任务重构算法仿真 ·· 228

10.6　本章小结 ································· 234

参考文献 ······································· 235

第 1 章

绪　论

本章首先介绍盲信号处理的需求背景、处理内容,以及各类盲信号处理的技术现状;其次介绍时频分析方法的主要发展历程,探讨各类时频分析方法主要特点;最后介绍本书主要技术思路。

1.1　盲信号处理背景与需求

盲信号处理,顾名思义,就是在没有先验信息条件下的信号处理。这种处理方式,在现实中有着巨大的需求,主要体现在以深空通信领域为代表的自主无线电技术,以及对非合作雷达、通信等目标信号进行接收和处理的电子侦察技术。

1.1.1　盲信号处理背景

1. 自主无线电

自主无线电是由美国 NASA 首先提出来的,其背景是深空探测存在着无法回避的难题:深空探测器进行跨代组网,以及不同国家、不同部门进行相互合作时,各探测器无线通信手段所使用的技术规范不同,如数据速率、通信协议以及调制类型。

为解决这个问题,美国 NASA 于 2004 年提出了"自主无线电"新技术。这种技术无需人工介入,具有自主处理能力,只需要在仅具有很少先验信息条件下,自动完成信号特征参数提取、调制类型识别、符号同步、盲解调、盲解码等过程,实现与未知通信系统的通信,从而提高无线电通信性能,降低运行成本。

这种发源于深空通信的自主无线电技术,在低轨卫星通信上也具有广阔的应用前景。低轨卫星由于具有距离近、信号传播空间损耗小、测量参数精度高等优点,广泛应用于资源探测、气象、组网通信、光学成像、雷达成像、电子侦察、载人航天、科学实验等。如何将这些不同技术体制的卫星组成空间信息网络进行统一管理,以提高运行效率并降低运行成本,已成为航天领域的一个重要发展趋势,而自主无线电技术在卫星组网过程中能够发挥出巨大作用。

2. 电子侦察

电子侦察是使用专门的电子技术设备进行无源侦察,获取敌人军事情报的一种重要手段,包括无线电技术侦察、雷达侦察、测控信号侦察等。主要任务是侦察、侦听对方雷达、无线电通信、测控、敌我识别、导弹制导等电子设备所发射的信号,获取其技术参数、通信内容、所在位置等信息,以掌握对方辐射源的技术特征、威胁程度和兵力部署变动等情报。

电子侦察相比较雷达探测和光学侦察,具有隐蔽性和瞬时覆盖范围大等特点,已成为掌握对手情报的一个重要来源。

电子侦察在军事上主要用于电子对抗的电子情报支援和情报侦察等,在民用上可用于无线电管理、频谱监测、交通管制、航海航空救援等诸多领域。

1.1.2 盲信号处理基本内容

由盲信号处理定义出发,盲信号处理就是在不知道无线电信号发射时间、频率、方向、信号体制等信息下,对截获的信号进行分析,为信号反演进行处理的过程。

对于通信侦察信号来说,盲信号处理需要完成载频估计、调制类型识别、符号率估计、符号同步、盲解调、盲解码、协议分析等,对发射源身份估计和确认;从而获取信号所"隐藏"信息,对通信内容进行监听。

对于雷达侦察,盲信号处理需要完成信号分选、参数估计、定位处理、目标识别等处理过程,判断辐射源的威胁等级,为相关单元提供信息支援。

1.2 盲信号处理现状

1.2.1 特征参数估计研究现状

在盲信号处理中,符号率是对信号进行识别和解调的必要条件。

R. J. Mammone 等在研究 CW、BPSK 和 QPSK 信号调制类型识别问题时,就讨论了 PSK 信号符号率估计问题,其对符号率的估计是通过瞬时幅度进行统计得到的。B. S. Koh 等提出利用信号的包络经过傅里叶变换后提取波特率,这种方法与直接利用幅度信息估计符号率相比,在鲁棒性方面有了一定的提高,但该方法只能适应带限 PSK 信号和 QAM 信号,且抗噪性能不好。

文献[22,23]利用数字信号循环平稳特性与符号周期之间的关系,利用相同循环频率不同延时的循环自相关来构成特征向量,选择合适的循环频率区间,通过使该特征向量的范数最大化来搜索符号率;当特征向量的维数足够大时,该方法能够快速收敛,但它运算量太大,难以实用。

自 K. C. Ho 在文献[24]中提出利用 haar 小波变换进行符号率估计的算法以来,出现了很多基于小波变换的符号率估计算法研究。文献[25]针对文献[24]只利用单一固定尺度因子进行小波变换,只能适应特定的归一化载频信号的问题进行了改进:利用多个因子得到小波变换系数估计符号率。该方法虽然能够适应更大范围的归一化载频信号,但没有从根本上克服文献[24]的缺陷,这种采用固定尺度因子的方法忽略了信号频谱分布与小波时频特性之间的关系。文献[26-28]提出将信号变频到零中频后估计信号带宽,根据信号带宽确定小波变换的尺度并进行 haar 小波变换。这种方法虽然回避了文献[24,25]的问题,但引入了新的问题:需要对信号的载频和带宽进行精确的估计,当存在载频频偏时,估计性能迅速下降,稳定性差。此外,文献[22-28]中的方法在低信噪比条件下估计性能迅速恶化。

3

1.2.2 调制识别研究现状

对接收到信号调制类型的识别是盲信号处理的重要内容。对深空通信来说，信号调制类型识别是进行后续处理、实现自主通信的重要前提；对雷达信号而言，脉内调制类型及其调制参数是描述雷达的重要特征，也是进行目标识别的重要依据。正因为如此，调制识别一直是信号处理的一个热点问题，国内外很多学者针对这个问题做了大量的研究工作，并且发表了大量的研究成果。归纳起来，这些方法大致可以分为如下两类：决策论识别方法和统计模式识别方法。

1. 决策论识别方法

决策论识别方法是采用概率论和贝叶斯理论来进行信号识别的。它根据信号的统计特性，通过理论分析得到检验统计量后，与一个合适的参考门限进行比较，形成判决准则。检验统计量通常是基于使损耗函数最小化原则选取的。

1990 年，A. Ploydoms 和 Kim 等提出了基于准对数似然比的识别方法，在高斯噪声环境下，得到准对数似然函数以区分 MPSK 信号，在信噪比大于零时，有较好的识别效果。Boiteau 等和 W. Wei 等分别在1998 年和 2000 年提出了最大似然分类算法，通过信号的似然函数最大化实现对信号的分类。

在数字通带调制信号的调制识别研究中，还陆续出现了一些新的特征统计量及其构造方法，其中包括 MPSK 信号统计矩测量、MPSK 与MQAM 信号调制星座图及其最大似然估计、MFSK 的高阶相关以及信号的归一化振幅等特征量。

利用判决理论识别的方法最早有基于相位识别方法和平方律识别法等，这两种方法都能够对 BPSK 和 QPSK 信号进行识别。基于相位识别方法能够直观地利用调制相位的不同，对信号相位差分获得检验量，实现相位调制信号的识别。平方律识别法是将收到的信号进行平方运算，经过平方后 BPSK 信号成为 CW 信号，QPSK 信号则变成 BPSK信号，信号的频谱分布也会发生相应的变化，据此可识别出两种信号。这两种方法运算简单，易于实现，但是只能识别 BPSK 和 QPSK 信号，可识别的种类太少。

2. 统计模式识别方法

基于统计模式识别的方法包括两个步骤：一是对信号特征进行统计，构造信号的特征统计量，并针对具体的调制类型进行特征参数统计并统计结果，然后划分调制识别的门限；二是根据制定的准则，提取待识别信号的特征量并与识别门限进行比较，对调制类别作出判决。

在信号调制自动识别中，有很多参数可以作为识别的特征统计量，相应地，也有很多方法用于特征统计量的构造。比较常用的特征统计方法包括概率密度函数、能量检测器、信号谱相关分析、信号时频分析以及瞬时频率等。

概率密度函数是一个比较典型的特征统计量构造方法，可通过直方图、Parzen 窗等方法得到。构造的常用参数包括一阶矩特征、二阶中心矩特征、三阶中心矩特征、四阶中心矩特征等。Liedtke 提出的信号幅度、频率、差分相位直方图等用于自动分类的方法也属于概率函数一类，这种方法在信噪比大于 18dB 时能有效识别 2ASK、2FSK、2PSK、4PSK 等信号，抗噪能力较差。

功率谱方法是从观测数据中估计出相关函数，然后对相关函数进行傅里叶变换，就可以得到信号的功率谱。功率谱估计的方法有布莱克曼—图基法、周期图法和平均周期图法等。

在统计模式识别方法中，还有一组比较常用的识别特征，包括零中心归一化瞬时幅度密度最大值、零中心归一化瞬时幅度绝对值的标准偏差、瞬时频率的方差、大小波系数的方差、信号的四阶累计量之比等。

此外，人们还将分形理论、混沌理论、复杂性理论、累积量等技术应用于调制识别，提出了一些新型的调制识别方法。

3. 总结

总体来说，目前关于信号调制类型自动识别的研究，具有两个特点：①大部分算法都只关注某一局部问题，如有的只考虑到 PSK 信号和 QAM 信号的识别，有的只进行 PSK 调制进制的识别，有的进行不同调制类型的识别，缺乏系统性；②这些调制识别方法，采用的特征参数各不相同，如果采用这些方法进行系统的识别，不仅采用的特征量比较多，而且涉及的数学方法也比较多。

因此，如果要系统性地对盲信号的调制类型进行识别，必须充分考虑适应信号类型的广泛性,从系统研究角度设计有效的调制识别特征参量。

1.2.3 符号识别研究现状

在合作通信中,数字信号解调已经是一个非常成熟的技术,其研究的热点是如何提高已有方法的载波同步精度、符号同步精度和盲均衡等问题,以及高速通信中的载波同步和符号同步方法等。实际上,对于非合作信号来说,如果采用传统方法进行解调,其核心问题还是这两个问题:载波同步和符号同步。

载波同步的一个重要内容就是载频估计,A. J. Veterbi 和 A. M. Veterbi 提出了利用前馈的最大似然估计信号载频相位,然后以该算法为基础得到了一类最小二乘的频偏估计算法。文献[37]将这类算法推广到平台 Ricean 衰落信道中去。G. Mounir 给出了一种简单的非线性估计方法,通过对基带信号进行 M 次方去除调制信息后,再估计信号的载频。文献[38]基于现代谱估计方法估计 MPSK 信号载频,这种方法计算量大,抗噪性能不好。

符号同步可分为外同步法和自同步法。外同步法需另外传输同步信号,占用额外的功率和频率资源,效率低;自同步法需接收端从接收的信号中重新恢复同步信号,效率比较高,较为常用。早期的自同步方法有非线性变换和锁相环等方法,非线性方法存在同步精度不够稳定的缺点,而锁相环方法虽然精度高,但延时大、速度慢,并且失锁后重新捕获的时间长。为克服这两种方法的缺陷,有人提出了前馈同步算法,该算法在估计出同步误差后,可通过对后续插值算法的控制,计算出最优判决时刻信号值。这种方法无反馈回路,捕获快,适合跳频等信号的同步。

以上这些方法在处理常规通信信号时具有较好的处理效果,但在自主无线电和电子侦察信号时,由于信号载频不仅是未知的,而且是时变的,常规载频同步算法难以适用。所以,自主无线电的信号解调必须针对信号特点研究新的处理方法。

1.2.4 辐射源个体识别现状

在雷达、通信等各类辐射源日益增多的情况下,电磁环境日益复杂,电子接收机所接收到的信号也日益复杂,尤其是各类同型号辐射源在技术体制和技术参数基本相同的情况下,如何对这些辐射源有效识别成为盲信号处理中的一大难题。为解决这个问题,辐射源个体识别(又称信号"指纹"识别)技术也一直是盲信号处理的一个热点问题。

个体识别技术与调制识别技术在处理的方法上具有相似性,但是在研究对象方面又有根本性的差别。个体识别则主要解决同型号不同个体之间的识别问题,利用的则是去除了信源特征的辐射源信道特征,这种信道特征主要是由辐射源信号发射机电路或电子元器件产生的无意调制特征,而调制识别则主要解决对人为调制信号的识别问题。

由于辐射源个体识别技术在军事上应用较多,涉及军事机密,所以这方面的公开资料较少。国外在特定辐射源识别方面的研究起步较早,通常称为特定辐射源识别。美国海军研究局自 20 世纪 90 年代便开始对其进行研究。截至 2000 年,据传已有类似的系统成功装备部队。波兰等国在 20 世纪 80 年代末也展开了类似的研究。可查资料显示,国外对无意调制特征的研究主要集中在包络及其参数(上升/下降时间、脉宽、上升/下降角度等)、频率偏移、非线性效应等方面。当前辐射源个体识别技术研究主要集中于无意调制特征与智能识别算法相结合、知识库专家系统、多参数联合、融合技术等几个方面。

国内开展辐射源个体识别技术的研究始于 21 世纪初,由于起步较晚,国外资料难于获取,目前的研究工作进展缓慢,仅仅停留在初步的理论探讨上。最具代表性的工作是:张国柱等利用小波包络特征识别辐射源个体;王宏伟提出基于包络前沿高阶矩特征的辐射源个体识别技术;潘继飞、姜秋喜等对雷达"指纹"参数选取和参数用于个体识别可行性进行了研究和总结;许丹等利用发射机放大器非线性特性在高信噪比仿真条件下实现了辐射源个体识别。然而,只有在高信噪比、参数时不变、忽略 ESM 接收机自身影响和其他特定条件等严格假定的情况下,才能获取满意的无意调制特征并实现辐射源个体识别。利用常规参数和无意调制特征构建知识库是一种不错的选择。然而,遗憾的是,构建知识库的先验信息的搜索整理并非易事,对对手辐射源更是如此,有时甚至无法获取。

依据上述分析不难发现,无意调制特征理论上虽然能反映辐射源的个体特性,但由于它附带在复杂信号内,往往非常微弱,易受噪声和其他杂波等干扰,要求高精度的特征提取算法、测量系统以及高灵敏度、高稳定的信号接收机。

1.3　时频分析方法发展历程与分类

1.3.1　时频分析方法的基本发展历程

在傅里叶变换提出来以前,人们对信号进行观察与分析只能够从时域角度进行。时域角度进行信号处理具有直观的特点,对信号的幅度变化特征能够进行较好的描述。但这种方法具有抗噪性能差的特点。

在1822年,傅里叶变换理论被提出,自此人们获得了能够从另外一个角度观察、分析信号的手段。很长一段时间内该理论曾是信号处理中最为完美的数学变换,能够将信号从时域变换到频域,还能够经过频域处理后,再通过反变换变回到时域,成为信号处理领域中应用最为广泛的分析手段。

然而,随着应用领域的扩展,处理的信号形式越来越复杂,对信号处理方法要求也越来越高,傅里叶变换存在的不足也逐渐暴露出来:一方面,傅里叶变换分析方法是基于信号为线性的、平稳的这一假设基础上,但实际上,很多自然中的信号,如地震波等,以及更多人为产生的信号,大多是非平稳的;另一方面,傅里叶变换分析方法与时域分析方法是相互独立且相互排斥的,信号的频率、相位、幅度特征也是时变的,某些具有不同频率、相位和幅度构造的信号,可能具有相同的频率成分。傅里叶变换分析方法的假设前提以及与时域分析相对立的特点,使得其在信号处理中的劣势也越来越明显。

傅里叶变换方法的不足与对复杂信号和各种新型信号分析需求之间的矛盾,孕育着新的分析方法的产生。

1946年,Gabor将量子理论的基本概念引入到信号分析领域,提出的Gabor变换,为时频域内分析信号奠定了基础。随后在1947年,Potter等为了更好地分析语音信号,首次提出了一种基于傅里叶变换的使

8

用时频分析方法——短时傅里叶变换（Short Time Fourier Transform，STFT）。之后，短时傅里叶变换理论引入了自适应概念，可以根据信号的不同特征选择长短不一的相应的窗函数。1932 年，物理学家 E. P. Wigner 曾在量子力学中提出了著名的 Wigner 分布；1948 年，Ville 将其引入到信号处理领域中，提出了维格纳-威尔分布方法；1968 年，Rihaczek 从电路理论的概念出发，定义了能量密度分布，称为 Rihaczek 分布，开始了对时频分布的系统化研究，将所有具有双线性特性（Cohen 类）的时频分布用统一的形式来表示。

20 世纪 80 年代初，时频分析的理论和方法研究在信号处理与应用领域进入了快速发展时期。1981 年，法国地球物理学家 J. Morlet 提出了小波变换的概念，小波变换是在时间和尺度平面上来描述信号的特性，同时该方法是一种多分辨率方法。1985 年，法国数学家 Meyer 提出了连续小波的容许性条件及其重构公式。1986 年，Meyer 在证明不可能存在同时在时域和频域都具有一定正则性的小波基时，发现具有一定衰减性的光滑性函数以构造 L2（R）的规范正交基，从而证明了正交小波系的存在。从此，时频分析方法的研究和应用进入了更为繁荣时期。

除此之外，还有一些比较重要的时频分析方法被相继提出用于特定信号的处理。例如，Ville 早在 1948 年就提出利用 Hilbert 变换方法提取信号瞬时频率，这种处理方式得到了广泛认可。近年来，发展起来的分数阶傅里叶变换和 chirp - let 在一些领域具有明显的优势，如在分析线性调频信号方面。

作为结合了信号时域分析和频域分析两种方法优点的信号处理工具，无论是短时傅里叶变换、小波变换，还是 Cohen 类分析方法，最大的优点在于将频域和时域联系起来，能够有效揭示频率、相位、幅度等信息随时间的关联关系和变化规律，大大提升了对各种信号的分析能力。

1.3.2 时频分析方法的分类与基本特点

时至今日，时频分析方法至今已经历了近 70 年的发展，在这些年的发展过程中，为解决不同的问题，形成了多个分支，演变成了多种形式。但总体来看，目前时频分析方法可分为三类：一是以能量分布方法为主,这类以 Cohen 类为代表;二是原子分解方法,主要以 Gabor 变换、短时傅里叶变换、小波变换为代表;三是针对一些特殊应用场景的其他方法,以 Hilbert 变换、分数阶傅里叶变换等为代表。

1. Cohen 类变换方法

以 Cohen 类为代表的能量分布方法为二次方变换(非线性变换),使得信号的能量沿着瞬时频率聚集,从而反映出信号能量在时频平面上的变化关系。这种能量聚集特性很好地保留了信号的边缘特性、实值性、时移和频移不变性等,使得其具有较为广泛的应用。但是这种方法也存在着比较严重的缺陷:一是时频分布的自项之间以及多信号之间会产生交叉项,形成的虚假信号会干扰真实信号的分析;二是二次积分导致运算复杂度过大,当进行大规模特征提取和分析时,或者对信号进行实时分析时,在工程上难以实现。

2. 原子类变换方法

原子分解类方法是线性变换,将信号分解成在时间和频率上都有明确物理意义的时频点的线性组合,可通过幅度、相位、频率的变化与时频点之间的对应关系,利用信号时频分布进行特征参数估计、调制类型识别、信号解调等。

具有代表性的短时傅里叶变换,目前在信号处理领域应用十分广泛。短时傅里叶的核心思想是:在对信号进行傅里叶变换前,乘上一个有限长的时间窗函数,通过时间窗在时间轴上的逐点移动使信号逐段进入被分析状态,这样就得到信号在不同时刻的频谱特征,得到的信号特征不仅具有频域信息,也有时域信息,有效地将时域和频域联系在了一起。短时傅里叶变换的一个重要特点是:当其窗函数的长度和形状确定以后,其频域分辨率也就确定了,这种特点的好处是其时频系数的幅度随着频率的变化具有稳定性,因此在信号处理中被广泛运用。

另一个具有代表性的方法为小波变换,其核心思想是:通过改变尺度因子大小从而调整小波窗口的大小,当尺度因子变大时,其分析窗口"拉长",频率分辨率变高;反之,则频率分辨率变低。这种能够自适应调整的时—频窗,有着"数学显微镜"的美称。目前,小波变换已被广泛应用于载频估计、符号率估计、调制类型识别、符号识别、雷达信号脉内特殊调制类型的识别等领域。但是,小波变换变分辨率这个特点,使得时频系数幅度容易受尺度因子影响,同时,尺度因子与频率互为倒数关系,这在工程实现上需要着重考虑。

3. 其他分析方法

根据前面的介绍,除了 Cohen 类时频变换方法、原子类时频变换方法,还有一些特殊应用场景的时频方法,以 Hilbert 变换、分数阶傅里叶变换等为代表。但是这些方法注重解决一些具体问题,应用范围比较窄。例如,Hilbert 变换方法只适用于窄带信号,且仅能提取瞬时频率特征;分数阶傅里叶变换适用的信号类型比较少,主要针对线性调频信号。这些针对特定信号的处理方法,在处理信号类型多样且信号类型未知的无线电信号时,效率比较低且不具普遍性。

1.4 基本研究方法和内容

1.4.1 基本研究方法

由 1.2 节分析可知,盲信号处理面临着难以克服的困难,一方面,盲信号处理要求比较高,包括参数估计、调制识别、符号同步、盲信号解调等一系列问题,甚至包括个体识别;另一方面,盲信号处理还缺乏最基本的先验信息,在有些情况下部分参数还难以精确估计,并且环境相对复杂,这些都给盲信号处理提出了挑战。

由 1.3 节关于时频分析方法的介绍可知,时频分析方法通过将二维信号变换到三维时频空间,从三维空间来观察信号的时域和频域特征,并将这两种特征进行关联、交织,以及统一表达,将这两个以往对立的特征统一起来,通过信号时频和频域特征之间的关联关系,能够较好地揭示信号的内部特征和瞬态特性,克服了传统单纯频域和时域难以克服的难题。基于此,本书主要采用时频分析方法对盲信号进行表达、处理。

在具体采用的时频分析工具方面,主要采用原子类分析方法,也即 morlet 小波变换和短时傅里叶变换,主要基于以下几点考虑:

(1)无论是 morlet 小波变换,还是短时傅里叶变换,都是基于 $e^{j\omega t}$ 基函数进行设计的,这与需要处理的盲信号在形式上相一致。

（2）这两个变换都是将信号进行升维，由二维空间变换到三维空间，能够获取更为丰富信息，提供更为详细的时频关联特征，能有效刻画盲信号调制参数分布及其变化情况。

（3）适应的信号类型多，包括目前所有已知的无线电信号。

（4）比 Cohen 类二次运算具有更小的运算量，也无交叉干扰项，有利于工程实现。

这两个方法在具体运用时各有侧重，理论分析时侧重于 morlet 小波，在工程实现时侧重于短时傅里叶变换，当然，这两个时频分析方法在工作原理、性能等方面并无本质差别，只是作者在研究过程中的一个习惯而已。

1.4.2　基本研究内容

根据 1.2 节介绍，盲信号处理主要包括特征参数估计、调制识别、盲解调等处理内容。针对盲信号处理需求，以及时频分析方法进展情况，本书的研究思路如图 1.1 所示。

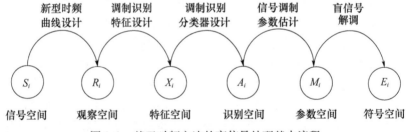

图 1.1　基于时频方法的盲信号处理基本流程

一是新型时频特征曲线设计。从盲信号处理需求出发，根据现有信号基本调制物理量表达需求，开展了新型特征曲线设计，具体包括载频时频曲线、时频差值脊线、时频脊系数曲线、短时频谱曲线等，结合传统的时频脊线、零中频相位曲线，构成了特征曲线集合，对应的内容为第 2 章。

在此基础上，分别从理论推导和信号仿真两个方面，分析了 11 种典型信号的各种特征曲线形态，这些可人工判别的特征曲线能将未知信号由单纯信号空间变换到可观察空间，为后续信号处理奠定了理论基础,对应的内容为第 3 章。

二是调制识别特征设计。基于建立的可人工观察的各调制类型信号的特征曲线空间,利用特征曲线形态与典型信号调制参数之间的映射关系,根据调制识别需求,设计了一系列调制识别特征参量,对应的内容为第 5 章。

三是调制识别分类器设计。根据第 5 章设计的调制识别特征参量,介绍了基于贝叶斯理论的调制识别假设检验和判决准则,识别树分类器、支持向量机分类器,以及基于两种分类器的混合分类器,并开展了相应的仿真评估研究,对应的内容为第 6 章。

四是信号调制参数估计。根据第 3 章理论分析和模拟仿真所确定的典型信号调制参数变化规律与特征曲线形态之间的内在联系,利用特征曲线进行盲信号载频估计、数字信号调制参数估计和数字信号同步处理,对应的内容为第 4 章。

五是盲信号解调。利用第 4 章估计的调制参数和符号同步结果,并根据数字信号调制参数分布与特征曲线形态之间的映射关系,进行盲信号解调,对应的内容为第 7 章。

除此之外,开展了其他内容研究。在第 8 章,根据目标个体识别需要,开展了辐射源个体识别特征提取方法研究;在第 9 章,针对提高时频运算效率需求,开展了时频变换快速算法研究;在第 10 章,针对盲信号采集过采样严重,导致数据存储、传输压力大的问题,开展了采样信号的压缩与重构研究。

第2章

新型时频特征曲线及提取方法

2.1 引 言

利用信号最佳时频特征进行特征参数估计是确保处理算法具有良好性能的前提条件,主要包括:一是要保证所选用的时频函数能够充分体现所处理信号的特点,使得各信号之间的时频特征差别最大化;二是要将最能够体现各类调制信号物理含义的时频特征表达出来。

基于以上两点,本章研究内容分为两个部分:一是通过最佳时频函数选取标准,针对幅度、相位、频率调制信号选取了最佳时频函数;二是在将各调制信号由二维变换到时、频、幅三维空间后,根据幅度、频率、相位这三个物理量变化情况在时频三维空间上的对应体现,研究并提出了载频时频曲线、时频脊系数曲线、时频差值脊线等新型时频特征曲线,综合利用这些新型时频特征曲线,结合传统的时频脊线,直观地表达了无线电信号的调制特征。

2.2 时频变换与时频函数选取

由于原子类时频变换具有运算量小和对信号类型普适性强的特点,本书主要采用该类时频变换,并且主要采用小波变换进行理论分析。

1. 小波变换定义

设 $s(t)$ 是任意平方可积函数(记作 $s(t) \in L^2(R)$),$\varphi(t)$ 为标准小

波函数或母小波函数,则

$$WT(a,\tau) = \frac{1}{a}\int s(t)\varphi^*\left(\frac{t-\tau}{a}\right)\mathrm{d}t = <s(t),\varphi_{a,\tau}(t)>$$

$$(2-1)$$

称为待分析信号 $s(t)$ 的小波变换。

式中: $*$ 为共轭; $\langle x,y\rangle$ 为内积; a 为小波变换的尺度因子; τ 为小波变换位移; $\varphi_{a,\tau}(t)$ 为子小波函数。

由标准小波函数 $\varphi(t)$ 经过尺度因子 a 的伸缩以及时移因子 τ 的平移后得到

$$\varphi_{a,\tau}(t) = \frac{1}{a}\varphi\left(\frac{t-\tau}{a}\right) \qquad (2-2)$$

由小波函数的带通特性,其可等效为一个滤波器,小波变换过程相当于一个滤波过程,且滤波器的特性与尺度因子 a 紧密相关。

小波变换是紧支撑的,分析时间窗口也是有限的(小波分析时间窗口也称为小波支撑域)。由式(2-2)可知,当 a 越大时,子小波函数 $\varphi_{a,\tau}(t)$ 的分析时间窗口越大,对应的小波中心频率就越低,其分辨率也越高,反之亦然。因此,从滤波角度看,尺度因子为 a 时,子小波传输函数为 $h_{a,\tau}(t) = \varphi_{a,\tau}(t)$,其频谱特征满足

$$H_a(\omega) = \psi_a(\omega) = \psi_\varphi(\omega/a) \qquad (2-3)$$

式中: $\psi_\varphi(\omega)$ 为标准小波的频谱; $\psi_a(\omega)$ 为子小波函数频谱。当尺度因子不同时,其频谱形状不变,即具有 Q 值不变性。

此外,很多小波变换的子小波函数 $\varphi_{a,\tau}(t)$ 不是按照式(2-1)定义的,而是定义成

$$\varphi_{a,\tau}(t) = \frac{1}{\sqrt{a}}\varphi\left(\frac{t-\tau}{a}\right) \qquad (2-4)$$

以上两种小波变换定义的差别在于:式(2-4)利用 $\sqrt{a}$ 对小波系数进行归一化,其目的是要保持积分区域内信号能量一致。本书在进行信号分析时,主要利用的是时频特征而不是能量特征,所以在式(2-1)中利用 a 对小波系数进行归一化,目的是使得积分区域内信号瞬时频率分量大小保持一致。

在各类小波函数中,同一个工程问题,利用不同小波函数得到的结

果可能相差甚远,利用同一小波函数分析不同的工程问题,适用性差别也很大。因此,在进行信号分析时,必须将小波函数特点与具体信号形式结合起来研究,以选择具有相对最优的小波基函数。

2. 小波函数的基本要求

小波变换区别于某些常用变换(如傅里叶变换和拉普拉斯变换)的一个特点是没有固定的核函数,但也不是任何函数都可以作为小波变换的标准函数 $\varphi(t)$。若一平方可积函数 $\varphi(t)[\varphi(t) \in L^2(R)]$ 用作标准小波函数,一个基本要求就是 $\varphi(t)$ 必须满足"容许性条件"(Admissible Condition),即

$$C_{\varphi} = \int_0^{\infty} \frac{|\psi(\omega)|^2}{\omega} \mathrm{d}\omega < \infty \qquad (2-5)$$

式中:$\psi(\omega)$ 为 $\varphi(t)$ 的傅里叶变换。由容许性条件可以得出推论:能用作基本小波的函数 $\varphi(t)$ 必须满足 $\psi(\omega = 0) = 0$。

因此,由小波函数的定义及其推论可知以下几方面:

(1) 小波函数 $\varphi(t)$ 是紧支撑的,也即其只有小的局部非零定义域。

(2) $\psi(\omega)$ 具有带通性质,$\varphi(t)$ 的均值为 0(无直流分量)。

3. 两种典型小波及其时频分布

在进行无线电信号分析时,haar 函数由于较强的边缘检测性能以及 morlet 小波函数由于较优的滤波特性,使得它们成为信号处理中最为常见的小波函数,因此本书主要针对这两个小波函数进行比较分析。

(1) morlet 小波函数。morlet 小波函数的表达式为

$$\varphi(t) = \exp\left(\frac{-t^2}{k}\right)\exp(\mathrm{j}\omega_{\varphi}t) \qquad (2-6)$$

式中:k 为正数,是控制小波母函数有效支撑域的参数;ω_{φ} 为小波中心频率,其傅里叶变换为

$$\psi(\omega) = \sqrt{k\pi}\exp\left(\frac{-k(\omega - \omega_{\varphi})^2}{4}\right) \qquad (2-7)$$

考虑到小波相容性条件,k、ω_{φ} 需满足 $k \geq 2$,$\omega_{\varphi} \geq 5$,此时,有

$$\psi(0) = \sqrt{k\pi}\exp\left(-\frac{k(\omega_{\varphi})^2}{4}\right) \approx 0 \qquad (2-8)$$

16

其近似满足相容性条件。

（2）haar 小波函数。haar 小波函数形式为

$$\varphi(t) = \begin{cases} 1, 0 \leqslant t < \dfrac{1}{2} \\ -1, \dfrac{1}{2} \leqslant t < 1 \\ 0, 其他 \end{cases} \qquad (2-9)$$

其傅里叶变换为

$$\psi(\omega) = j\,\frac{4}{\omega}\sin^2\!\left(\frac{\omega}{4}\right)\mathrm{e}^{-j\omega/2} \qquad (2-10)$$

4. 小波函数检测性能的比较

任何一种调制信号，其调制特征都离不开幅度调制、频率调制、相位调制这三种类型，那么，在进行检测性能比较时也是以这三类调制类型为样本。同时，考虑到研究对象为非合作信号，缺乏载波等信息，所以处理的信号也是带有载波的。

（1）最佳小波检测条件。根据文献[24]，最佳时频函数选取必须满足三个条件。假设小波变换的系数模 $|WT(t,r(t))|$ 具有随着调制参数 $r(t)$ 的变化而变化的现象，则具有最佳检测性能的小波函数 $\varphi(t)$ 应当满足三个条件。

条件1：如果 $r(t)$ 不变，那么，输出的小波系数模恒定，即

$$|WT(a,\tau,r(t)\ 恒定)| = k(a) \qquad (2-11)$$

式中：$k(a)$ 仅依赖于 a，独立于 τ。

条件2：如果 $r(t)$ 在时刻 τ 发生变化，那么，输出的小波系数模不再等于 $k(a)$，即

$$|WT(a,\tau,r(\tau)\ 变化)| \neq k(a) \qquad (2-12)$$

条件3：应当使得 τ 时刻小波系数和 $k(a)$ 之间的距离最大化，以有利于跳变的检测和表达，即

$$D = \max(||WT(a,\tau,r(\tau)\ 变化)| - k(a)|) \qquad (2-13)$$

如果满足了以上三个条件，则该小波函数将是最合适的小波基函数。

（2）对幅度跳变检测性能的比较。由小波变换的滤波特性可知，

当输入信号的幅度、相位、频率都未发生变化时,其输出小波系数模值也是固定的,即

$$| WT(a,\tau,\gamma(t) = \sqrt{s}) | = k(a) \qquad (2-14)$$

式中:$\gamma(t)$为调制幅度,且 $\gamma(t) = \sqrt{s} \neq 0$。

由小波变换为线性变换特性可知,当 $\gamma(t)$ 发生变化,$\gamma(t) = m\sqrt{s}$ 时,其中 $m \neq 1$,则

$$| WT(a,\tau,\gamma(t) = m\sqrt{s}) | = mk(a) \neq k(a) \qquad (2-15)$$

式(2-14)和式(2-15)对任何小波函数都成立,因此所有小波函数对于幅度跳变具有同等的检测能力。

(3)对频率跳变检测性能的比较。假定信号形式为一个单频信号,则

$$s(t) = \sqrt{s}\exp(j\omega_c t) \qquad (2-16)$$

如果对信号进行 haar 小波变换,得到

$$| WT(a,\tau) | = \left| \int_0^{a/2} s(t)\,\mathrm{d}t - \int_{a/2}^a s(t)\,\mathrm{d}t \right| = 2\frac{\sqrt{s}}{a}\left| \frac{\sin^2(\omega_c a/4)}{\sin(\omega_c/2)} \right|$$
$$(2-17)$$

$$\frac{\partial | WT(a,\tau) |}{\partial a} = \frac{\sqrt{s/a^4}}{\sin(\omega_c/2)}\left(\sin(\omega_c a/4)\cos(\omega_c a/4)\frac{\omega_c a}{2} - \sin^2(\omega_c a/4)\right) \qquad (2-18)$$

由 $\dfrac{\partial | WT(a,\tau) |}{\partial a} = 0$ 可得

$$a \approx 0, \ \pm 5.573/\omega_c \qquad (2-19)$$

也即当尺度因子满足 $a = 5.573/\omega_c$ 时,小波系数达到最大。

如果针对信号进行 morlet 小波变换,则 morlet 小波变换系数为

$$| WT(a,\tau) | = \sqrt{2\pi s}\exp\left(-\frac{2(a\omega_c - \omega_\varphi)^2}{4}\right) \qquad (2-20)$$

由 $\dfrac{\partial | WT(a,\tau) |}{\partial a} = 0$ 可得

$$a = \omega_\varphi/\omega_c \qquad (2-21)$$

也即当尺度因子满足 $a = \omega_\varphi/\omega_c$ 时,小波系数将达到极大,即

$$|WT(a,\tau)| = \sqrt{2\pi s} \qquad (2-22)$$

针对 haar 小波变换和 morlet 小波变换,设置相同的信号条件,即信号载频 $\omega_c = 2.78$rad/s 时,分别将小波函数和 morlet 函数对信号进行匹配后,再计算不同小波系数模值随信号载频 ω_c 的变化曲线。如图 2.1 所示为两个小波变换系数模值随|dω|变化的曲线。

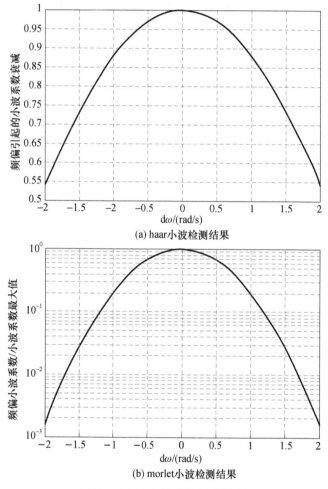

图 2.1 小波系数模值随频偏变化图

对照最佳小波函数选取的三个条件,可得到以下几点:

19

①式(2-17)和式(2-22)表明,两类小波函数都满足条件1和条件2。

②图2.1表明,相同条件下,当频偏$|d\omega|$为2rad/s时,haar小波变换系数模值衰减为0.55,而morlet小波变换的系数模值衰减为0.0016,morlet小波函数能够满足条件3。

因此,从频率跳变检测看,morlet小波函数相比haar小波函数具有更佳的检测性能。

(4)对相位跳变检测性能的比较。假定信号形式为一个相位调制信号,则

$$s(t) = \sqrt{s}\exp(j\omega_c t + j\Delta\varphi) \qquad (2-23)$$

对该信号进行morlet小波变换,当$a = \omega_\varphi/\omega_c$时,相位跳变点$nT_s$处的小波系数模满足

$$|WT(a, nT_s, \Delta\varphi \neq 0)| = \frac{\sqrt{2\pi s}}{2}|1 + e^{j\Delta\varphi}| \qquad (2-24)$$

相对无相位跳变时,相位跳变使得小波系数模发生了相对变化,即

$$r = ||1 + e^{j\Delta\varphi}| - |1 + e^{j0}||/|1 + e^{j0}| \qquad (2-25)$$

当相位跳变达到最大($\Delta\varphi = \pi$)时,r为1。

如果对信号进行haar小波变换时,由文献[24,98]可知,其小波系数为

$$|WT(a, \tau)| = 2\frac{\sqrt{s}}{a}\left|\frac{\sin(\omega_c a/4)\sin(\omega_c a/4 + \Delta\varphi/2)}{\sin(\omega_c/2)}\right|$$

$$(2-26)$$

根据式(2-26)可知,当$a = 5.573/\omega_c$时,小波系数达到最大值,则有相位跳变时小波系数模与最大值相比,相对变化量为

$$r = \frac{||\sin(5.573/4 + \Delta\varphi/2)| - |\sin(5.573/4)||}{|\sin(5.573/4)|} \qquad (2-27)$$

当相位跳变达到最大($\Delta\varphi = \pi$)时,r为0.82。

对照最佳小波函数选取的三条标准,可得到以下几点:

①式(2-24)和式(2-26)表明,两类小波函数同时满足条件1和条件2;

②式(2-25)和式(2-27)得到结果表明,morlet小波函数能够满

20

足条件 3。

因此,从相位跳变检测看,morlet 小波函数相比 haar 小波函数具有更佳的检测特性。

(5)结论。通过前面对两个典型小波函数检测性能的比较分析可知,morlet 小波函数满足无线电盲信号最佳检测性能的三个条件。

因此,本书采用 morlet 小波作为盲信号分析和处理的一个重要方法,并且,morlet 小波变换在没有特殊说明的情况下,其参数设置为 $K = 2$,$\omega_\varphi = 5$。

2.3 传统时频脊线及提取方法

设有一能量有限的解析信号形式为

$$s(t) = A(t)\exp(\mathrm{j}\phi_s(t)) \tag{2-28}$$

对于任意 $t \in \mathbf{R}$,有 $A(t) \geqslant 0$,$\phi_s(t) \in [0, 2\pi]$,并且 $s(t)$ 为渐进信号,即

$$\left|\frac{\mathrm{d}\phi_s(t)}{\mathrm{d}t}\right| \gg \left|\frac{1}{A}\frac{\mathrm{d}A(t)}{\mathrm{d}t}\right| \tag{2-29}$$

假定 $\varphi(t)$ 为一分析时频函数,则有

$$WT^m(a, \tau) = \langle s(t), \varepsilon_\eta \varphi_{(a,\tau)}(t) \rangle \tag{2-30}$$

式中:$\varepsilon_\eta = \exp(-\mathrm{j}\eta t)$,相当于频率搬移因子,可以把信号 $s(t)$ 进行频谱搬移后再进行时频变换。这是因为在实际应用中,信号的形式比较复杂,由于受到信号载频、符号率、时频函数支撑域等参数限制,尺度因子 a 只能限定在某一个范围内进行分析。所以在进行时频变换前,需根据参数设置要求,利用 ε_η 进行频谱搬移。

假设分析时频 $\varphi(t)$ 自身也是渐进的,其形式为

$$\varphi(t) = A_\varphi(t)\exp(\mathrm{j}\phi_\varphi(t)) \tag{2-31}$$

则式(2-30)中的时频变换可表示成

$$WT^m(a, \tau) = \frac{1}{a}\int_{-\infty}^{+\infty} A_s(t)A_\varphi^*\left(\frac{t-\tau}{a}\right)\exp\left\{\mathrm{j}\left[\phi_s(t) - \eta t - \phi_\varphi\left(\frac{t-\tau}{a}\right)\right]\right\}\mathrm{d}t$$

$$\tag{2-32}$$

被积函数的相位为

$$\phi_{a,\tau}(t) = \phi_s(t) - \eta t - \phi_\varphi\left(\frac{t-\tau}{a}\right) \qquad (2-33)$$

由于式(2-32)右侧为一个快速振荡积分式,因此可以应用驻点法计算积分值。设 t_s 是被积函数的驻点,则 $\phi'_{a,\tau}(t)|_{t=t_s}=0$。假设驻点个数有限,分别表示为 $t_s{}^{(1)}, t_s{}^{(2)}, \cdots, t_s{}^{(N)}$,则 $WT^\eta(a,\tau)$ 的一阶近似为

$$WT^\eta(a,\tau) \approx \sum_{n=1}^{N} WT^\eta(t_s^{(n)}) \qquad (2-34)$$

如果存在一个正数 $k \geqslant 1$,满足 $\left[\dfrac{\mathrm{d}^k \phi_{(a,\tau)}}{\mathrm{d}t^k}\right](t_s^{(n)}) = 0$,且 $\left[\dfrac{\mathrm{d}^{k+1} \phi_{(a,\tau)}}{\mathrm{d}t^{k+1}}\right](t_s^{(n)})$ $\neq 0$,则

$$WT^\eta(t_s^{(n)}) = C_k \frac{s(t_s^{(n)})\varphi^*\left(\dfrac{t_s^{(n)}-\tau}{a}\right)\exp(-\mathrm{j}\eta t_s^{(n)})}{\mathrm{corr}_k(a,\tau)} \qquad (2-35)$$

其中

$$\mathrm{corr}_k(a,\tau) =$$
$$\left|\left[\frac{\mathrm{d}^{k+1}\phi_{(a,\tau)}}{\mathrm{d}t^{k+1}}\right](t_s^{(n)})\right|^{1/(k+1)} \exp\left\{-\mathrm{j}\left(\frac{\pi}{2(k+1)}\right)\mathrm{sgn}\left[\frac{\mathrm{d}^{k+1}\phi_{(a,\tau)}}{\mathrm{d}t^{k+1}}\right](t_s^{(n)})\right\}$$
$$(2-36)$$

式中:C_k 为常数;当 $k=1,2$ 时,$C_1 = \sqrt{2\pi}$,$C_2 = \Gamma\left(\dfrac{4}{3}\right)6^{1/3}$。

假设所研究的区域 $\Omega \subset H$ 中,每一个点都只与唯一的一个驻点相对应,且 $k=1$(这个假设对单频信号是成立的,如果是多个信号,则需要各个信号之间没有干扰),即

$$WT^\eta(a,\tau) \approx$$

$$\sqrt{2\pi}\,\frac{\exp\left\{\mathrm{j}\,\dfrac{\pi}{4}\mathrm{sgn}[\phi''_{(a,\tau)}(t_s)]\right\}}{\sqrt{|\phi''_{(a,\tau)}(t_s)|}}s(t_s)\exp(-\mathrm{j}\eta t_s)\,\frac{1}{a}\varphi^*\left(\frac{t_s-\tau}{a}\right)$$

$$(2-37)$$

由式(2-37)可以看出,相平面 $(a,\tau) \in \Omega$ 上关于相位驻点的集合在时频变换中起着重要的作用。据此可定义一个重要概念——时频脊。

定义 2.1 时频脊为在点集 $(a,\tau) \in \Omega$ 中,满足 $t_s(a,\tau) = \tau$ 的点

22

的集合。由定义2.1和式(2-33)可得

$$a = a_r(\tau) = \frac{\phi'_\varphi(0)}{\phi'_s(b) - \eta} \qquad (2-38)$$

由式(2-38)可以看出,时频脊是域 Ω 中一条曲线:$R = \{(a,\tau) \in \Omega; a = a_r(\tau)\} \subset \Omega$,该曲线可称为时频脊线。

对于 morlet 小波来说,由于 $\phi'_\varphi(0) = \omega_\varphi$ 为一恒定值,$\phi'_s(\tau)$ 表征的是信号瞬时频率。因此,当 $\eta = 0$ 时,时频脊线与信号瞬时频率 $\omega(\tau)$ 之间满足

$$a_r(\tau) = \frac{\omega_\varphi}{\omega(\tau)} \qquad (2-39)$$

式中:$\omega(\tau)$ 为瞬时频率,当 ω_φ 固定时,时频脊线和瞬时频率具有等效关系。

因此,时频脊线表达了解析信号的瞬时频率,是描述渐进信号的有力工具。图2.2所示为 QAM 信号的时频脊线,反映了 QAM 信号瞬时频率特征,关于 QAM 信号瞬时频率特征分布将会在3.3节介绍。

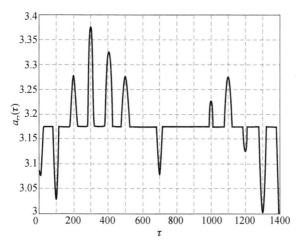

图2.2 QAM 信号时频脊线示意图

目前,时频脊线的提取方法有两种:相位提取法和幅度最大值法。

1. 相位提取法

在提取信号的时频脊线时,时频函数为 morlet 小波,采用的频移因

23

子 $\eta = 0$，信号采用单频信号，即

$$s(t) = \exp(\mathrm{j}\omega_c t) \tag{2-40}$$

并令 $WT(a,\tau)$ 的相位为

$$\Psi(a,\tau) = \arg[WT(a,\tau)] \tag{2-41}$$

由 $t_s(a,\tau)$ 定义可知

$$\frac{\partial \Psi(a,\tau)}{\partial a} = -\frac{t_s - \tau}{a^2}\phi'_{a,\tau}\left(\frac{t_s - \tau}{a}\right) \tag{2-42}$$

由式(2-37)可得

$$\left[\frac{\partial \Psi(a,\tau)}{\partial \tau}\right]_{t_s(a,\tau)=\tau_0} = \frac{1}{a}\phi'_{\varphi}\left(\frac{t_s - \tau}{a}\right) + \left[\frac{\partial a}{\partial \tau}\right]\frac{t_s - \tau}{a^2}\phi'_{\varphi}\left(\frac{t_s - \tau}{a}\right) \tag{2-43}$$

当处在时频脊线上时，$t_s = \tau$，由式(2-43)可得

$$\left[\frac{\partial \Psi(a,\tau)}{\partial \tau}\right]_{t_s(a,\tau)=\tau_0} = \frac{\phi'_{\varphi}(0)}{a} \tag{2-44}$$

由于 morlet 小波 $\phi'_{\varphi}(0) = \omega_{\varphi}$，因此式(2-44)可表示为

$$\left[\frac{\partial \Psi(a,\tau)}{\partial \tau}\right]_{t_s(a,\tau)=\tau_0} = \frac{\omega_{\varphi}}{a} \tag{2-45}$$

式(2-45)为提取信号时频脊线提供了另外一种方法，这种方法可以迭代计算。在 ω_c 未知时，可通过迭代算法得到：设定一个初始尺度因子 a_0，即

$$\omega_1 = \frac{\partial \Psi(a_0,\tau)}{\partial \tau} \tag{2-46}$$

令

$$a_1 = \frac{\omega_{\varphi}}{\omega_1} \tag{2-47}$$

显然有 $a_1 = a_r$，且满足

$$\frac{\omega_{\varphi}}{\dfrac{\partial \Psi(a_r,\tau)}{\partial \tau}} = a_r \tag{2-48}$$

式(2-48)意味着通过时频系数的相位差分，也可以提取到信号的时频脊线，为时频脊线的提取提供了一种有效方法。

24

因此,在利用相位法提取时频脊线时,开始时可随意选取一个尺度因子 a_0,按照式(2-46)和式(2-47)计算,得到尺度因子 a_1,比较 a_0 和 a_1 差别,如果差别较大,则进一步计算。具体步骤如下。

(1)针对第一个采样点 t_1,任意给定初始尺度因子 $a_0(t_1)$,并令 $i=0$。

(2)迭代公式为 $a_{i+1}(t_k)=\omega_\varphi/[\partial\psi(a_i(t_k),t_k)/\partial t_k]$,并设定一个迭代终止条件 ε 和一个最大迭代次数条件。当 $|a_{i+1}(t_k)-a_i(t_k)|/a_{i+1}(t_k)<\varepsilon$ 时,迭代终止,并确定 $a(t_k)=a_{i+1}(t_k)$,如果总不满足以上条件,并且超过迭代次数,自动终止迭代,防止进入死循环。

(3)令 $a_0(t_{k+1})=a(t_k)$,然后继续步骤(2)进行计算。重复步骤(2)和步骤(3),直到所有数据采样点的时频脊线计算完毕。

在以上算法中,主要是基于时频脊线决定于时频中心频率与时频系数相位导数之比的关系而计算的。在实际时频脊线提取时,由于信号存在噪声,在进行时频系数相位求导过程中,很容易受噪声的干扰,使得算法无法收敛或者计算错误,尤其在低信噪比条件下,脊线甚至无法提取。

2. 幅度最大值法

由式(2-39)可知,时频脊线等效于瞬时频率,瞬时频率为时频面上每个时刻的最大频率分量。

在时频脊线提取过程中,可将信号通过小波变换或短时傅里叶变换方式,变换成一个时频模系数矩阵,信号由二维空间变换到三维空间 $(t-\omega-|WT(t,\omega)|)$,即

$$WT(\omega,\tau)=\begin{bmatrix} |wt(\omega_1,\tau_1)| & \cdots & |wt(\omega_1,\tau_s)| & \cdots \\ |wt(\omega_2,\tau_1)| & \cdots & |wt(\omega_2,\tau_s)| & \cdots \\ \vdots & & \vdots & \\ |wt(\omega_n,\tau_1)| & \cdots & |wt(\omega_n,\tau_s)| & \cdots \end{bmatrix}$$

$$(2-49)$$

式中:行向量代表时间 t 变化趋势;列向量代表 ω 变换趋势。如果利用 morlet 小波变换来实现,则相应的表达式为

$$WT(a,\tau) = \begin{bmatrix} |\,wt(a_1,\tau_1)\,| & \cdots & |\,wt(a_1,\tau_s)\,| & \cdots \\ |\,wt(a_2,\tau_1)\,| & \cdots & |\,wt(a_2,\tau_s)\,| & \cdots \\ \vdots & & \vdots & \\ |\,wt(a_n,\tau_1)\,| & \cdots & |\,wt(a_n,\tau_s)\,| & \cdots \end{bmatrix}$$

$$(2-50)$$

在求得二维时频模系数 $WT(\omega,\tau)$ 后，提取信号时频脊线的过程，就是提取每一时刻最大值的过程，$WT(\omega,\tau)$ 每一列的最大值所对应的频率值，即为信号的瞬时频率，即

$$\omega(\tau)\,|_{\tau=\tau_s} = \underset{\omega \in [\omega_1,\omega_2,\cdots,\omega_n]}{arg\ max} (WT(\omega,\tau_s)) \qquad (2-51)$$

3. 两种方法比较

由于幅度最大值法和相位提取法所运用的小波系数特征不同，计算过程也不同，具有明显不同的性能和适应条件。

（1）分辨率。从理论上来讲，基于相位法能够准确地计算出信号的时频脊线，而幅度最大值法首先按照一定区间对尺度因子进行量化，其时频脊线的标称频率分辨率决定于尺度因子的量化间隔。

（2）抗噪性能。相位法需要对小波系数进行微分求导，因此其抗噪性能比较差，在低信噪比条件下，不仅运算精度差，而且收敛速度慢，甚至无法得到有效的时频脊线；幅度最大法是通过比较得到曲线上的最大值，每一个小波函数仅包含了相应小波滤波器内的噪声，本身具有一定滤波功能，抗噪性能强，在低信噪比下仍具有较强的稳定性。

（3）运算复杂度。小波变换每一个时频点都是通过小波和信号的卷积获得，运算复杂度较大。相位提取法，在高信噪比条件下，每个点迭代 3 次即可得到结果，而当信噪比较低时，则迭代次数大大增加，运算复杂度也急剧增加，且这种方法难以运用快速算法。幅度最大法的运算复杂度与设定的小波变换维数（尺度因子向量的长度）有关，与信噪比无关，且该方法在有快速算法条件下可大大降低运算复杂度。

2.4　载频时频曲线及提取方法

载频是盲信号一个基本特征参数，基于载频的时频变换能够反映

出信号的诸多调制特征,因此本书定义了一种新的信号特征曲线——载频时频曲线,即

定义 2.2 载频时频曲线是当信号载频 ω_c 与子时频函数的中心频率相等时,信号经过时频变换后取模得到的曲线。

在载频时频曲线上,其信号载频与标准 morlet 小波中心频率 ω_φ 之间满足

$$\omega_c = \frac{\omega_\varphi}{a_c} \qquad (2-52)$$

也即当子时频函数中心频率与信号载频相等时,经过一维子时频变换(如式(2-53)所示)后,通过对时频变换系数取模得到的特征曲线,即

$$\mid WT(a,\tau) \mid_{a=\omega_\varphi/\omega_c} = \mid < s(t), \varphi_{(a,\tau)}(t) > \mid \mid_{a=\omega_\varphi/\omega_c} \qquad (2-53)$$

在物理内涵上,载频时频曲线相当于信号在载频时频上的投影。

图 2.3 为 QAM 信号的载频时频脊线示意图,其参数设置与图 2.2 相同。

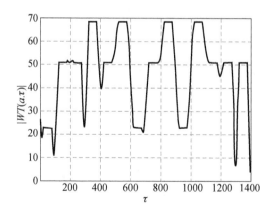

图 2.3 QAM 信号载频时频曲线示意图

载频时频曲线提取方法:首先估计信号的载频 $\hat{\omega}_c$,然后利用 $\hat{\omega}_c$(小波变换时,利用相应的时频变换尺度因子)对信号进行时频变换并取模,得到的时频系数模值曲线即为载频时频曲线。

在物理概念上,载频时频曲线相当于沿着 ω_c,对式(2-49)所得到的三维时频分布做一个剖面切割,切割面的幅度曲线即为信号的载频时频曲线。

在工程实现上,是利用式(2-49)计算出三维时频分布后,利用计算出的载频值 ω_c,直接提取与 ω_c 相同或相近的行向量作为特征曲线,即

$$\boldsymbol{W}_{\omega_c}(\tau) = \begin{bmatrix} | wt(\omega_c, \tau_1) | & \cdots & | wt(\omega_c, \tau_s) | & \cdots \end{bmatrix}$$

$$(2-54)$$

载频时频曲线主要反映出信号在载频上投影,能够直观地表征信号幅度、频率以及相位的变化情况。

2.5 时频差值脊线及提取方法

由式(2-39)可知,时频脊线较好地表达了信号的瞬时频率特征。在常规情况下,当信号载频一定时,信号瞬时频率及其变化情况主要取决于调制类型、调制参数。因此,在利用时频变换方法处理数字信号时,可利用时频脊线估计数字信号的瞬时频率,进而识别出信号调制类型并估计调制参数。

但在某些情况下,如接收系统和发射系统之间存在高速运动时,会存在多普勒扩散效应,即其载频是变化的,在这种情况下,信号瞬时频率的变化不仅取决于调制类型和调制参数大小,同时还受多普勒扩散效应的影响,如图2.4(a)所示。简单地利用时频脊线难以进行调制类型识别和调制参数估计,唯有去除多普勒扩散效应影响后,才能够利用时频脊线完成相应的信号处理。

通过对 PSK 信号及其瞬时频率的分析可以发现:一方面,综合考虑到信号多普勒扩散情况以及数字信号速率特征可知,在单个符号内多普勒频移变化量非常小,可以忽略;另一方面,PSK 信号每个符号中点处(见 2.4 节)瞬时频率等于相应时刻的载频。基于这两个方面,本书定义了一种新的时频特征曲线——时频差值脊线。

定义 2.3 时频差值脊线是信号时频脊线值与前一个符号中点处

时频脊线值的差值。

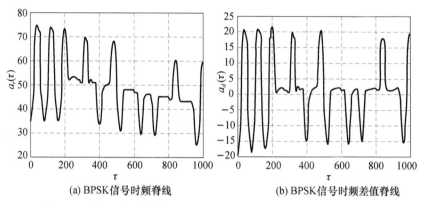

(a) BPSK信号时频脊线   (b) BPSK信号时频差值脊线

图2.4　多普勒扩散条件下 BPSK 信号的时频脊线和时频差值脊线

　　其表达式为

$$\omega_d(\tau) = \omega(\tau) - \omega(nT_s - 0.5T_s), (n - 0.5)T_s < \tau < (n + 0.5)T_s$$
$$(2 - 55)$$

　　如果利用小波变换,可以用下式计算得到,即

$$a_d(\tau) = a_r(\tau) - a_r(nT_s - 0.5T_s), (n - 0.5)T_s < \tau < (n + 0.5)T_s$$
$$(2 - 56)$$

　　也即基于数字信号瞬时频率在单个符号内受多普勒扩散效应影响可忽略这一特性,以前一个符号中点处的时频脊线值为基准,对前一个符号中点后下一个符号中点之前的时频脊线值计算其与基准的差值,得到的时频脊线值即为时频差值脊线。图2.4(a)中时频脊线经过差值以后,得到图2.4(b)中所示的时频差值脊线。

　　时频差值脊线反应的是信号瞬时频率跳变特征,该特征能够去除信号载频的一些缓变特征,如多普勒扩散效应等。比较图2.4(a)和图2.4(b)可知,时频差值脊线已经去除了多普勒扩散效应,可用于调制识别和调制参数估计等处理。

　　时频差值脊线提取方法:根据2.3节方法提取时频脊线后,在符号同步基础上(4.3节),按照式(2-56)对时频脊线进行差值计算,即可得到时频差值脊线。

29

时频差值脊线反映了信号瞬时频率的跳变特征,主要用于多普勒扩散条件下频移键控和相移键控信号的处理。

2.6 时频脊系数曲线及提取方法

由图 2.3 可知,载频时频曲线可有效地反映相位跳变、幅度跳变特征。常规情况下,当信号载频固定时,通过提取信号的载频时频曲线进行信号调制类型识别和调制参数的估计。

但当信号存在多普勒扩散效应或者调制频率不断变化时,按照式(2－52)、式(2－53)计算得到的载频时频曲线如图 2.5(a)所示,此时,载频时频曲线的幅度不仅要受调制参数的影响,同时也要受载频时变的干扰。为了能够去除频率缓慢变化的影响,或者对频率调制信号进行有效识别,本书定义了一种新的时频特征曲线——时频脊系数曲线。

定义 2.4 时频脊系数曲线是信号二维时频面上时频脊系数的模。

利用式(2－49)求得二维时频模系数 $WT(\omega,\tau)$,提取信号时频脊系数曲线和提取时频脊线的过程相类似,就是提取每一时刻最大值的过程,每一列最大值所对应的幅度值,即为信号在该时刻的时频脊系数曲线值,即

$$WT(\tau) \mid_{\tau=\tau_s} = \max(WT(\omega,\tau_s)) \qquad (2-57)$$

如果用小波变换来提取时频脊系数曲线,则其每一时刻曲线值为

$$\mid WT(a_r(\tau),\tau) \mid = \mid < s(t),\varphi_{a_r(\tau),\tau}(t) > \mid_{a_r(\tau)=\omega_\varphi/\omega(\tau)}$$

$$(2-58)$$

该特征曲线的物理内涵为每个时刻信号最大频率分量的幅值,其与时频脊线以及载频时频曲线既有联系又有区别。

1. 与时频脊线的比较

一方面,该曲线与时频脊线反映的物理量存在根本差别,时频脊线体现的是频域特征,时频脊系数曲线体现的是幅度特征;另一方面,它们又是不可分割的,其反映的是同一物理参量的不同侧面,时频脊线反

映的是瞬时频率的大小,而该特征曲线反映的是瞬时频率分量幅值的大小。

2. 与载频时频脊线的比较

一方面,该特征曲线和载频时频曲线同样都能够反映信号的幅度特征,具有相近的应用范围,当信号载频不变时,其效果是完全等价的;另一方面,当信号为载频时变信号时,载频时频曲线还是用一个固定频率去处理,时频脊系数曲线能够适应频率变化,不断调整时频函数的中心频率去适应信号的中心频率,能够对每一时刻信号进行自适应处理,并将相应幅度值提取出来。

从这个角度看,可以认为载频时频曲线是时频脊系数曲线的一个特例。当然,在特征曲线的提取复杂度上,时频脊系数曲线要比载频时频曲线大得多。

图 2.5(a)所示为 4ASK 信号的载频时频曲线,其幅度特征不仅包含了调制特征信息,同时也体现了多普勒扩散所带来的影响。图 2.5(b)所示为 4ASK 信号的时频脊系数曲线。比较图 2.5(a)和图 2.5(b)可知,时频脊系数曲线已经去除了多普勒扩散效应,可将其用于调制参数估计和调制识别。

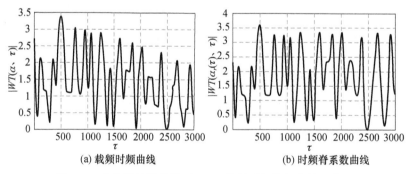

(a) 载频时频曲线   (b) 时频脊系数曲线

图 2.5 多普勒扩散条件下 4ASK 信号时频特征曲线示意图

时频脊系数曲线提取方法:根据 2.3 节方法提取时频脊线后,按照式(2-58)针对每个脊线值进行时频变换并取模,各个时刻时频系数模值构成时频脊系数曲线。

时频脊系数曲线体现了瞬时频率分量的幅值特征,能够反映信号的幅度特征和相位跳变特征,主要用于信号载频时变条件下幅度调制信号、相位调制信号、幅相正交调制信号的处理,以及无相位跳变信号条件下的幅度信号处理,同时可以用这一特征来识别信号有无相位跳变。

2.7 其他时频曲线及提取方法

在后续的信号处理中,除了采用前面所介绍的时频脊线以及三种新型时频特征曲线,还采用了短时频谱特征和零中频相位特征曲线,在这里一并进行介绍。

1. 短时频谱曲线提取方法

短时频谱曲线反映的是某一时刻时频窗口内所截取信号样本的时频分布情况,对应式(2-59),每一个列向量就代表了某一个时刻的短时频谱,即

$$W(\omega, t_n) = WT(\omega, \tau)\big|_{\tau=t_n} = \begin{bmatrix} |wt(\omega_1, t_n)| \\ |wt(\omega_2, t_n)| \\ \vdots \\ |wt(\omega_n, t_n)| \end{bmatrix} \quad (2-59)$$

该列向量能够反映出 t_n 时刻信号短时频谱分布情况。

单纯提取某一时刻的短时频谱还无法反映出信号的整体特性,而且相邻时刻的短时频谱具有很强的相关性,没有必要将所有的短时频谱曲线都提取出来进行分析。为此,需要对短时频谱按照一定时间间隔进行抽取,根据式(2-49)求得二维时频模系数 $WT(\omega, \tau)$,然后按照一个时间间隔 L,等间隔地提取 $WT(\omega, \tau)$ 矩阵值,即

$$WT_L(\omega, \tau) = \begin{bmatrix} |wt(\omega_1, \tau_1)| & |wt(\omega_1, \tau_{1+L})| & |wt(\omega_1, \tau_{1+2L})| & \cdots \\ |wt(\omega_2, \tau_1)| & |wt(\omega_2, \tau_{1+L})| & |wt(\omega_2, \tau_{1+2L})| & \cdots \\ \vdots & \vdots & & \\ |wt(\omega_n, \tau_1)| & |wt(\omega_n, \tau_{1+L})| & |wt(\omega_n, \tau_{1+2L})| & \cdots \end{bmatrix}$$

$$(2-60)$$

$WT_L(\omega, \tau)$ 中列向量的个数,就是抽取的短时频谱曲线的数量。

2. 零中频相位曲线提取方法

零中频相位反映的是在剔除了信号载频影响之后的相位跳变,以及信号频率变化对瞬时相位的影响情况。

在进行零中频相位估计时,首先对信号的载频进行估计,在估计出信号载频后对信号 $s(t)$ 进行下变频计算,得到零中频信号为

$$s_0(t) = s(t)e^{-j\omega_c t} \qquad (2-61)$$

然后对零中频信号 $s_0(t)$,计算每一时刻信号相位,即

$$\varphi_0(t) = \text{angle}(s_0(t)) \qquad (2-62)$$

$\varphi_0(t)$ 即为零中频相位曲线。

2.8 本 章 小 结

本章首先介绍了时频变换的基本概念,并以对信号幅度、频率、相位变化的检测能力为依据,对时频函数进行了选取。仿真结果表明,morlet 小波函数针对幅度、频率、相位跳变特征检测具有更好的性能,也更利于相应的信号处理。同时,与 morlet 小波具有相同基函数的短时傅里叶变换也是较为理想的处理工具。

本章还以时频分析对信号幅度、频率、相位等特征以及变化规律的表达为出发点,研究提出了载频时频曲线、时频脊系数曲线、时频差值脊线、短时频谱曲线等新型时频特征曲线,定义了这些特征曲线的基本概念,介绍了曲线的提取方法,分析了这些特征曲线的信号处理用途,为本书的后续信号分析奠定了理论基础。

第3章

典型信号时频特征曲线形态分析

3.1 引 言

在盲信号处理中,典型的信号类型包括:连续波(Continuous Wave, CW)、幅度键控(Amplitude Shift Keying, ASK)、相移键控(Phase Shift Keying, PSK)、频移键控(Frequency Shift Keying, FSK)、正交幅度调制(Quadrature Amplitude Modulation, QAM)、连续相位频移键控(Continuous Phase Frequency Shift Keying, CPFSK)、跳频(Frequency Hopping, FH)、线性调频(Linear Frequency Modulation, LFM)、非线性调频(Non-Linear Frequency Modulation, NLFM)、正弦调频(Sinusoidal Frequency Modulation, SFM)、频率分集(Frequency Diversity, FD),以及各类调制类型的组合等。

为了能够利用第2章提出的各类新型时频特征曲线以及传统时频脊线对以上列举的这些典型信号进行参数估计、调制识别、符号识别等处理,为便于大家理解,需要对这些典型信号的特征曲线形态和特点进行理论推导和数据仿真。同时,典型信号的其他一些特征曲线在后续处理中也具有重要作用,在这里一并进行分析,如信号的频谱特征、短时频谱特征以及零中频相位曲线等。

3.2 典型信号的表达方式

1. CW 信号

CW 信号,也是单载频信号,其数学表达式为

$$s(t) = \sqrt{s}\exp(\mathrm{j}(\omega_c t + \theta_0))\tag{3-1}$$

式中:$\sqrt{s}$ 为信号能量;ω_c 为信号载频;θ_0 为信号初相。

CW 信号波形如图 3.1 所示。

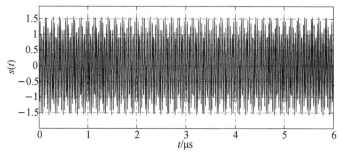

图 3.1　CW 信号波形图

2. ASK 信号

ASK 信号的数学表达式为

$$s_{\mathrm{ask}}(t) = \sqrt{s}\,p_{\mathrm{ask}}(t)\exp(\mathrm{j}(\omega_c t + \theta_0))\tag{3-2}$$

$$p_{\mathrm{ask}}(t) = \sum_n b_n g_{T_s}(t - nT_s)\quad b_n \in \{0,1,\cdots,M-1\}\tag{3-3}$$

$$g_{T_s}(t) = \begin{cases}1, 0 \leqslant t \leqslant T_s \\ 0, \text{其他}\end{cases}\tag{3-4}$$

式中:b_n 为信息符号;T_s 为符号宽度;M 为调制进制且为 2 的幂次方。

2ASK 信号波形如图 3.2 所示。

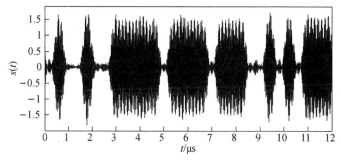

图 3.2　2ASK 信号波形图

3. PSK 信号

PSK 信号的数学表达式为

$$s_{psk}(t) = \sqrt{s} p_{psk}(t) \exp(j(\omega_c t + \theta_0)) \tag{3-5}$$

$$p_{psk}(t) = \sum_n g_{T_s}(t - nT_s) \exp(j\varphi_n) \quad \varphi_n \in \left\{0, \frac{1}{M}2\pi, \cdots, \frac{M-1}{M}2\pi\right\} \tag{3-6}$$

式中:φ_n 为相位调制量;M 为调制进制且为 2 的幂次方。

BPSK 信号波形如图 3.3 所示。

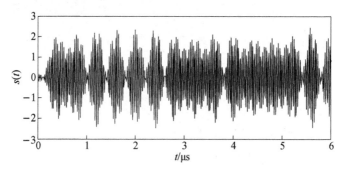

图 3.3　BPSK 信号波形图

4. FSK 信号

FSK 信号的数学表达式为

$$s_{fsk}(t) = \sqrt{s} p_{fsk}(t) \exp(j(\omega_c t + \theta_0)) \tag{3-7}$$

$$p_{fsk}(t) = \sum_n g_{T_s}(t - nT_s) \exp(j(\omega_n - \omega_c)t) \quad \omega_n \in \{\omega_1, \omega_2, \cdots, \omega_M\} \tag{3-8}$$

式中:ω_n 为相应符号内的载频;M 为调制进制且为 2 的幂次方。

2FSK 信号波形如图 3.4 所示。

5. CPFSK 信号

CPFSK 信号的数学表达式为

$$s_{cpfsk}(t) = \sqrt{s} p_{cpfsk}(t) \exp(j(\omega_c t + \theta_0)) \tag{3-9}$$

$$p_{cpfsk}(t) = \exp\left(j2\omega_d T_s \int_{-\infty}^{t} v(\tau) d\tau\right) \tag{3-10}$$

$$v(\tau) = \sum_n b_n g_{T_s}(\tau - nT_s) \qquad (3-11)$$

式中:$g_1(t)$ 的幅度为 $1/(2T_s)$;$b_n \in \{\pm 1, \pm 3, \cdots, \pm(M-1)\}$ 是信息符号,M 为 2 的幂次方。

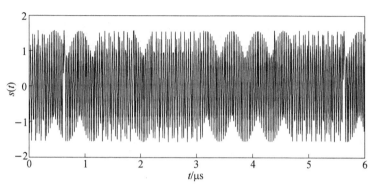

图 3.4   2FSK 信号波形图

CPFSK 信号波形如图 3.5 所示。

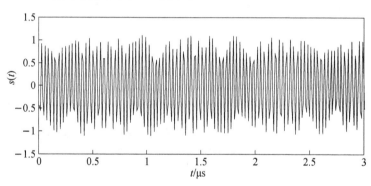

图 3.5   CPFSK 信号波形图

6. FH 信号

FH 信号的数学表达式为

$$s_{fh}(t) = \sqrt{s}\, p_{fh}(t) \exp(j(\omega_c t + \theta_0)) \qquad (3-12)$$

$$p_{fh}(t) = \sum_n g_{T_s}(t - nT_s) \exp(j(\omega_n - \omega_c)t) \qquad \omega_n \in \{\omega_1, \omega_2, \cdots, \omega_N\}$$

$$(3-13)$$

式中：ω_n 为相应符号内的载频；N 取决于跳频集的数量。

FH 信号波形如图 3.6 所示。

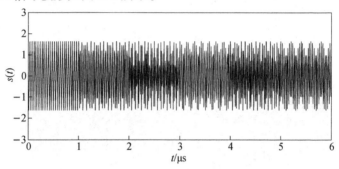

图 3.6　FH 信号波形图

7. QAM 信号

QAM 信号的数学表达式为

$$s_{\mathrm{qam}}(t) = \sqrt{s}\,p_{\mathrm{qam}}(t)\exp(\mathrm{j}(\omega_c t + \theta_0)) \tag{3-14}$$

$$p_{\mathrm{qam}}(t) = \sum_n (a_n + \mathrm{j}b_n)g_{T_s}(t - nT_s) \tag{3-15}$$

式中：信号幅度为 $\sqrt{a_n^2 + b_n^2}$；信号相位为 $atan(b_n/a_n)$。

16QAM 信号波形如图 3.7 所示。

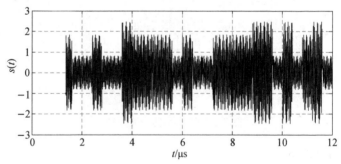

图 3.7　16QAM 信号波形图

8. LFM 信号

LFM 信号的数学表达式为

$$s_{\mathrm{lfm}}(t) = \sqrt{s}\,p_{\mathrm{lfm}}(t)\exp(\mathrm{j}(\omega_c t + \theta_0)) \tag{3-16}$$

$$p_{\text{lfm}}(t) = \exp(\text{j}\pi k t^2) \qquad (3-17)$$

式中:k 为线性调频率。

LFM 信号波形如图 3.8 所示。

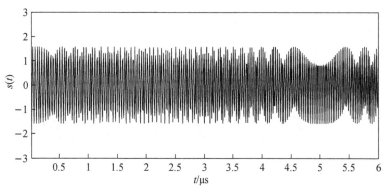

图 3.8　LFM 信号波形图

9. NLFM 信号

NLFM 信号的数学表达式为

$$s_{\text{nlfm}}(t) = \sqrt{s}\,p_{\text{nlfm}}(t)\exp(\text{j}(\omega_c t + \theta_0)) \qquad (3-18)$$

$$p_{\text{nlfm}}(t) = \exp\left(\text{j}2\pi\int m(t)\,\text{d}t\right) \qquad (3-19)$$

式中:$m(t)$ 为非线性函数,如高斯函数、截断的余弦函数等。

NLFM 信号波形如图 3.9 所示。

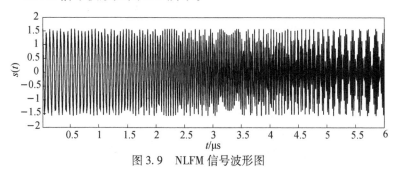

图 3.9　NLFM 信号波形图

10. SFM 信号

SFM 信号的数学表达式为

$$s_{sfm}(t) = \sqrt{s} p_{sfm}(t) \exp(j(\omega_c t + \theta_0)) \qquad (3-20)$$

$$p_{sfm}(t) = \exp\left(j\int b\sin(\omega_m t)dt\right) \qquad (3-21)$$

式中：b 为正弦波调频的幅度；ω_m 为调频周期。

SFM 信号波形如图 3.10 所示。

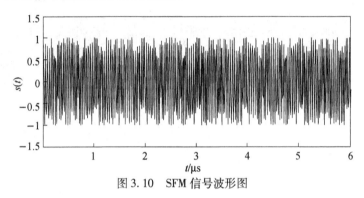

图 3.10　SFM 信号波形图

11. FD 信号

FD 信号的数学表达式为

$$s_{fd}(t) = \sqrt{s_1}\exp(j(\omega_{c1}t + \theta_1)) + \sqrt{s_2}\exp(j(\omega_{c2}t + \theta_2))$$
$$(3-22)$$

式中：ω_{c1} 为第 1 个分集频率；ω_{c2} 为第 2 个分集频率；$\sqrt{s_1}$ 为第 1 分集频率所对应幅度；$\sqrt{s_2}$ 为第 2 分集频率所对应幅度。

FD 信号波形如图 3.11 所示。

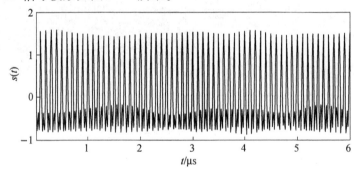

图 3.11　FD 信号波形图

3.3 典型信号时频脊线特征

由时频脊线的定义可知,其反映的物理概念为信号的瞬时频率。信号的"频率"特征是通过傅里叶变换来实现的,其表达的是"一段时间内"信号的周期性特征。而"瞬时"特征从字面上理解,其表达的是某一时刻的特征。因此,从严格意义上说,"瞬时"和"频率"是两个相互矛盾的概念。但是在实际的工程应用中,这两个特征又可以统一起来。"瞬时"可以拓延为"一小段时间",如对于非平稳信号,在"一小段时间"内,信号呈现出"平稳"特性,信号频率可计算且相对稳定,这样就可以用"瞬时频率"表达这"一小段时间"内的信号频率,但在较长一段时间内,这种"瞬时频率"随着调制参数的变化而变化,能够反映出信号的"非平稳性"。

从频率和相位关系可知,当相位连续可导时,瞬时频率可通过对瞬时相位求导得到,即

$$\omega(t) = \frac{\mathrm{d}\varphi(t)}{\mathrm{d}t} \qquad (3-23)$$

当 $\varphi(t)$ 相位不连续,无法求导时,需要通过傅里叶变换方式进行分析。时频变换提取信号瞬时频率时,主要通过一个有限支撑的窗函数来分析,窗函数有限支撑的长度即为傅里叶变换分析的采样点数。

1. ASK 信号时频脊线特征

当 ASK 信号信息符号 $b_n \neq 0$ 时,ASK 信号的频率分量和附加相位分量都没有跳变,因此,当信号幅度不为 0 时,其瞬时频率几乎不会变化:

$$\omega(t) = \omega_c \qquad (3-24)$$

而当其信息符号 $b_n = 0$ 时,此时没有任何信号,只有噪声,在瞬时频率估计时会随噪声随机变化,所以在图 3.12 所示的 2ASK 信号时频脊线图中,其瞬时频率并不是一条直线。

2. PSK 信号时频脊线特征

由式(3-6)可知,PSK 信号为相位非连续信号,相邻符号间有相位跳变,相位跳变会引起频率的畸变,因此需要对截断的短时间信号进

41

行频谱分析。假定信号分析时间窗口为T_m。

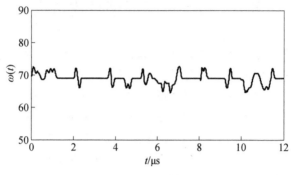

图 3.12　2ASK 信号时频脊线图

（1）若分析时间窗口内信号无相位跳变，则分析时间窗口内信号形式为

$$s(t) = \sqrt{s}\exp(j\omega_c t + j\theta_0 + j\varphi_n) \qquad (3-25)$$

此时其瞬时频率为$\omega(t) = \omega_c$。

（2）若分析时间窗口内信号有相位跳变，则分析时间窗口内信号形式为

$$s(t) = \sqrt{s}\left[g_{T_1}\left(t + \frac{T_1}{2}\right) + g_{T_2}\left(t - \frac{T_2}{2}\right)e^{j\Delta\varphi} \right]e^{j(\omega_c t + \theta_0 + \varphi_n)} \qquad (3-26)$$

式中：$T_1 + T_2 = T_m$，$\Delta\varphi = \varphi_{n+1} - \varphi_n$，其瞬时频谱分布如下：

$$S(\omega) = \sqrt{s}\,e^{j\varphi_0}\left[T_1 Sa\left(\pi\frac{\omega-\omega_c}{\omega_1}\right)e^{j\pi\frac{\omega-\omega_c}{\omega_1}} \right.$$
$$\left. + T_2 Sa\left(\pi\frac{\omega-\omega_c}{\omega_2}\right)e^{-j\pi\frac{\omega-\omega_c}{\omega_2}}e^{j\Delta\varphi} \right] \qquad (3-27)$$

其中：$Sa(x) = \sin(x)/x$，$\omega_1 = 2\pi/T_1$，$\omega_2 = 2\pi/T_2$。

当$T_1 = T_2 = T_m/2$时，其频谱分布满足：

$$S(\omega) = \sqrt{s}\,e^{j\varphi_0}\left[T_1 Sa\left(\pi\frac{\omega-\omega_c}{\omega_1}\right)e^{j\pi\frac{\omega-\omega_c}{\omega_1}}f(\omega) \right] \qquad (3-28)$$

其中

$$f(\omega) = (1 + e^{-j2\pi\frac{\omega-\omega_c}{\omega_2}}e^{j\Delta\varphi}) \qquad (3-29)$$

其频谱有一个极小值：

42

$$\omega_{\min} \approx \omega_c + \frac{\pi - \Delta\varphi}{\pi}\omega_m, \quad -\pi \leqslant \Delta\varphi \leqslant \pi \qquad (3-30)$$

$$\omega_m = 2\pi/T_m \qquad (3-31)$$

其频谱有两个极大值：

$$\omega_{\max 1} \approx \omega_c + \frac{\Delta\varphi}{\pi}\omega_m, \quad -\pi \leqslant \Delta\varphi \leqslant \pi \qquad (3-32)$$

$$\omega_{\max 2} \approx \begin{cases} \omega_c + \dfrac{\Delta\varphi + \pi}{\pi}\omega_m, & -\pi \leqslant \Delta\varphi < 0 \\[3mm] \omega_c + \dfrac{\Delta\varphi - \pi}{\pi}\omega_m, & 0 < \Delta\varphi \leqslant \pi \end{cases} \qquad (3-33)$$

由于$|S(\omega_{\max 1})| > |S(\omega_{\max 2})|$，因此 PSK 瞬时频率为

$$\omega_{\max} \approx \omega_c + \frac{\Delta\varphi}{\pi}\omega_m, \quad -\pi \leqslant \Delta\varphi \leqslant \pi \qquad (3-34)$$

由式(3-34)可以看出，PSK 相位跳变点处的瞬时频率主要取决于两个因素：相位跳变量 $\Delta\varphi$ 和窗口函数频率 ω_m，ω_m 则取决于窗口长度 T_m。

当相位跳变点偏移支撑域中点时，其瞬时频率将由 $\omega_c + \Delta\varphi\omega_m/\pi$ 向 ω_c 渐进变化。

由图 3.13 可以看出，当存在相位跳变时($\Delta\varphi \neq 0$)，其频谱会发生分裂，分裂点即为极小值点，导致最大频谱分量减小。当 $\Delta\varphi = \pi$ 时，两个极大值频谱分量相同，会导致其瞬时频率有两个值，为 $\omega_{\max} \approx \omega_c \pm \omega_m$。图 3.14 为 BPSK 信号时频脊线图(也是瞬时频率图)。

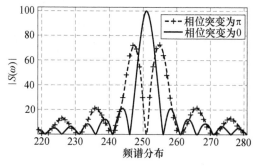

图 3.13　MDPSK 信号符号改变引起的频谱变化

由图中可以看出,只有一个相位跳变量 BPSK 信号,其相位跳变点处时频脊线值有两个可能值。

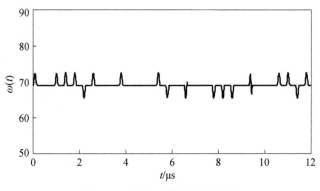

图 3.14　BPSK 信号时频脊线图

3. CPFSK 信号时频脊线特征

对于 CPFSK 信号,由于其信号连续可导,在单个符号内其瞬时频率为

$$\omega(t) = \frac{\mathrm{d}\varphi(t)}{\mathrm{d}t} = \omega_c + \omega_d b_n h, b_n \in \{\pm 1, \pm 3, \cdots, \pm(M-1)\}$$

$$(3-35)$$

虽然通过求导得到了 CPFSK 信号的瞬时频率,但是在对实际信号进行时频分析时,某一时刻之外的信号采样点也会对该时刻的瞬时频率有贡献,这一效应会使得符号跳变点处的瞬时频率呈渐进变化趋势,并且时频窗口函数的长度越长,过渡效果越明显。

而当信号分析时间窗口跨越符号时,其频谱分布为

$$S(\omega) = \sqrt{s}\,\mathrm{e}^{\mathrm{j}\varphi_0}\left[T_1 Sa\left(\pi\frac{\omega-\omega_n}{\omega_1}\right)\mathrm{e}^{\mathrm{j}\pi\frac{\omega-\omega_n}{\omega_1}} + T_2 Sa\left(\pi\frac{\omega-\omega_{n+1}}{\omega_2}\right)\mathrm{e}^{-\mathrm{j}\pi\frac{\omega-\omega_{n+1}}{\omega_2}} \right]$$

$$(3-36)$$

其中:$T_1 + T_2 = T_{a,m}$,$\omega_1 = 2\pi/T_1$,$\omega_2 = 2\pi/T_2$,也即信号频谱存在两个谱峰。当 $T_1 < T_m/2$ 时,ω_n 为主要谱分量;当 $T_1 > T_m/2$ 时,ω_{n+1} 为主要谱分量。也即在符号过渡段,信号瞬时频率也呈过渡状态。

图 3.15 为一段 CPFSK 信号的 morlet 小波时频脊线分布图和时频

系数曲线图。其中的参数设置为：归一化载频 1 和载频 2 分别为 0.2875Hz、0.3125Hz，时频归一化中心频率为 1.625。

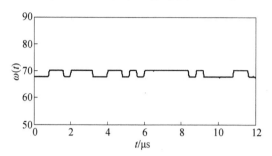

图 3.15　CPFSK 信号的 morlet 小波时频脊线分布图和时频系数曲线图

由图 3.15 可以看出时频脊线随着瞬时频率的变化而变化。

4. FSK 信号时频脊线特征

对于 FSK 信号，其瞬时频率分析方法与相应的参数条件相关，当 $(\omega_{n+1} - \omega_n)T_m = 2k\pi, k \in \mathbf{Z}$ 时，相邻符号间信号相位连续，此时其时频脊线特征与 CPFSK 相同；当 $(\omega_{n+1} - \omega_n)T_m \neq 2k\pi, k \in \mathbf{Z}$ 时，相邻符号间信号相位有跳变，频率有畸变。因此，这里主要分析 FSK 信号相位不连续情况，瞬时频率有以下几种情况。

当信号分析时间窗口跨越符号且有符号变化时，其频谱分布为

$$S(\omega) = \sqrt{s}\, \mathrm{e}^{\mathrm{j}\varphi_0} \left[T_1 Sa\left(\pi\frac{\omega - \omega_n}{\omega_1}\right)\mathrm{e}^{\mathrm{j}\pi\frac{\omega - \omega_n}{\omega_1}} + T_2 Sa\left(\pi\frac{\omega - \omega_{n+1}}{\omega_2}\right)\mathrm{e}^{-\mathrm{j}\pi\frac{\omega - \omega_{n+1}}{\omega_2}}\mathrm{e}^{\mathrm{j}\Delta\varphi} \right]$$

$$(3 - 37)$$

其中：$T_1 + T_2 = T_m$，$\omega_1 = 2\pi/T_1$，$\omega_2 = 2\pi/T_2$。$\Delta\varphi$ 主要取决于载频变化 $\Delta\omega$ 和符号宽度 T_s：

$$\Delta\varphi = (\omega_{n+1} - \omega_n)T_s \qquad (3 - 38)$$

（1）当 $T_1 \gg T_2$，且 $T_1 > T_m/2$ 时，ω_{n+1} 为主要谱分量。

（2）当 $T_1 \ll T_2$，且 $T_1 \ll T_m/2$ 时，ω_n 为主要谱分量。

（3）当 $T_1 \approx T_2$，$\Delta\varphi = 0$，且 $T_1 = T_2 = T_m/2$（符号改变点处）时，其频谱分布为

$$S(\omega) = \sqrt{s}\, T_1 \mathrm{e}^{\mathrm{j}\varphi_0} \left[Sa\left(\pi\frac{\omega - \omega_n}{\omega_1}\right)\mathrm{e}^{\mathrm{j}\pi\frac{\omega - \omega_n}{\omega_1}} + Sa\left(\pi\frac{\omega - \omega_{n+1}}{\omega_1}\right)\mathrm{e}^{-\mathrm{j}\pi\frac{\omega - \omega_{n+1}}{\omega_1}} \right]$$

$$(3 - 39)$$

频谱呈现出由 ω_n 向 ω_{n+1} 过渡状态。

(4) 当 $T_1 \approx T_2$，$\Delta\varphi \neq 0$，且 $2\omega_m \gg \Delta\omega$ 时，信号的频谱分布近似为

$$S(\omega) \approx \sqrt{s}\, e^{j\varphi_N} T_1 Sa\left(\pi \frac{\omega - \omega(N)}{\omega_1}\right) e^{j\pi \frac{\omega - \omega(N)}{\omega_1}} \left(1 + e^{-j2\pi \frac{\omega - \omega(N)}{\omega_1}} e^{j\Delta\varphi}\right)$$

$$(3-40)$$

此时频谱最大值位于：

$$\omega_{max} \approx \omega_n + \frac{\Delta\varphi}{\pi}\omega_m,\ -\pi \leq \Delta\varphi \leq \pi \qquad (3-41)$$

(5) 当 $T_1 \approx T_2$，$\Delta\varphi \neq 0$，且 $2\omega_m \approx \Delta\omega$ 时，如果 $\Delta\omega$ 与 ω_1 相比较大时，信号频谱存在两个谱峰。在符号过渡段，信号瞬时频率也呈过渡状态，由 ω_n、ω_{n+1} 以及式(3-41)中的 ω_{max} 共同决定。

图 3.16 为一段 2FSK 信号的时频脊线示意图。其中，h 为调制指数，为两个调制频率差值与符号率的比值。当 h 为整数时，则两个符号变化点处相位连续。由图 3.16 可知，2FSK 信号的时频脊线在符号中点位置呈现出 CPFSK 信号的阶梯状特征(图 3.15)，但在符号突变点处的脊线特征并没有显示出平滑过渡的特征，而是出现了突变，这是由于 2FSK 信号的相位不连续导致，使得在相位突变点处的瞬时频率发生了畸变(式(3-41))。

比较图 3.14、图 3.15、图 3.16 可知，相位不连续的 FSK 信号时频脊线(瞬时频率)同时兼有 PSK 信号和 CPFSK 信号的特征。当 $\Delta\varphi = 0$ 时，其瞬时频率与 CPFSK 信号类似；当 $\Delta\varphi \neq 0$ 且 $2\omega_{a,m} \gg \Delta\omega$ 时，其瞬时频率具有 PSK 信号的特征；当 $\Delta\varphi \neq 0$ 且 $2\omega_{a,m} \approx \Delta\omega$ 时，其瞬时频率兼有 CPFSK 和 PSK 信号的特征。

5. QAM 信号时频脊线特征

从调制参数变化特征来看，QAM 信号同时具有 ASK 信号和 PSK 信号的调制特征，由于幅度的突变对瞬时频率的影响较小，因此 QAM 信号的瞬时频率主要取决于对相位突变的分析，其瞬时频率的分析过程也与 PSK 信号相类似。

当信号分析时间窗口内既有相位突变又有幅度突变时(第 n 和第 $n+1$ 个符号之间)，其瞬时频率分布为

$$S(\omega) = \sqrt{s}\, e^{j\varphi_0} \left[A_n T_1 Sa\left(\pi \frac{\omega - \omega_c}{\omega_1}\right) e^{j\pi \frac{\omega - \omega_c}{\omega_1}}\right.$$

$$+ A_{n+1} T_2 Sa\left(\pi\,\frac{\omega - \omega_c}{\omega_2}\right) e^{-j\pi\frac{\omega-\omega_c}{\omega_2}} e^{j\Delta\varphi}\,\Big] \qquad (3-42)$$

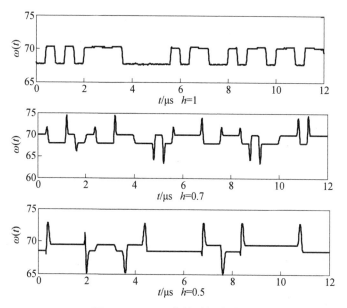

图 3.16 2FSK 信号时频脊线图

当 $T_1 = T_2 = T_m/2$ 时,其频谱分布满足:

$$S(\omega) = \sqrt{s}\, e^{j\varphi_0}\Big[A_n T_1 Sa\left(\pi\,\frac{\omega - \omega_c}{\omega_1}\right)\left(1 + \frac{A_{n+1}}{A_n} e^{-j2\pi\frac{\omega-\omega_c}{\omega_2}} e^{j\Delta\varphi}\right)$$

$$(3-43)$$

其频谱分布最大值发生在:

$$\omega_{\max} \approx \omega_c + \frac{\Delta\varphi}{\pi}\omega_m, \ -\pi \leqslant \Delta\varphi \leqslant \pi \qquad (3-44)$$

比较式(3-34)、式(3-44)可知,QAM 信号和 PSK 信号具有非常类似的瞬时频率特征。因此,其时频脊线也应类似,相应的时频脊线示意图如图 3.17 所示。

由图 3.17 中所示的时频脊线特征可知,在单个符号内,信号的瞬时频率都等于信号的载频;当存在符号变化时,其瞬时频率也发生突变且与 PSK 信号相似。

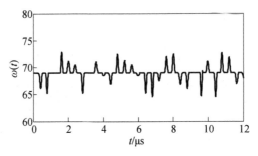

图 3.17　16QAM 信号时频脊线图

6. LFM 信号时频脊线特征

由式(3 - 16)可知, LFM 信号相位连续可导, 经过求导后可知, 其瞬时频率为

$$\omega(t) = \frac{\mathrm{d}\varphi(t)}{\mathrm{d}t} = \omega_c + 2\pi kt \qquad (3 - 45)$$

由式(3 - 45)可知 LFM 信号瞬时频率为线性变化, 由图 3.18 可知, 其时频脊线为一条直线。

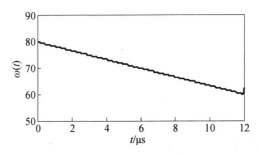

图 3.18　LFM 信号时频脊线图

7. NLFM 信号时频脊线特征

由式(3 - 18)可知, NLFM 信号相位连续可导, 瞬时频率为

$$\omega(t) = \frac{\mathrm{d}\varphi(t)}{\mathrm{d}t} = \omega_c + 2\pi m(t) \qquad (3 - 46)$$

由式(3 - 46)和图 3.19 可知, NLFM 信号瞬时频率和时频脊线为一条曲线, 其中调制信号 $m(t)$ 为截断的余弦函数。

48

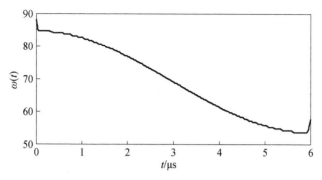

图 3.19 NLFM 信号时频脊线图

8. SFM 信号时频脊线特征

由式(3-20)可知,SFM 信号相位连续可导,瞬时频率为

$$\omega(t) = \frac{d\phi(t)}{dt} = b\sin(\omega_m t) \qquad (3-47)$$

由式(3-47)和图 3.20 可知,NLFM 信号瞬时频率和时频脊线为正弦波形(频率为 ω_m)。

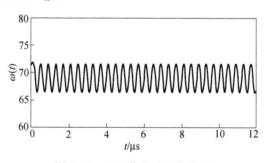

图 3.20 SFM 信号时频脊线图

9. FD 信号时频脊线特征

瞬时频率估计始终提取最大的频率分量作为瞬时频率,式(3-22)可知,FD 信号同时存在两个信号,因此其瞬时频率为

$$\omega(t) = \max([\omega_{c1}, \omega_{c2}]) \qquad (3-48)$$

由式(3-48)和图 3.21 可知,FD 信号的瞬时频率为一个恒定值。

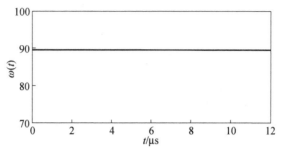

图 3.21 FD 信号时频脊线图

3.4 典型信号载频时频曲线特征

载频是信号的一个重要参数,基于载频的信号经过时频变换后得到的载频时频曲线能够反映出信号的一些重要特征。

1. ASK 信号载频时频曲线

ASK 信号是利用信号幅度来传递信息的,其表达式为

$$s(t) = \sqrt{s}\, b_n \mathrm{e}^{\mathrm{j}\omega_c t + \mathrm{j}\theta_0} g_{T_s}(t - nT_s) \qquad (3-49)$$

当利用时频变换对 ASK 信号进行分析时,ASK 信号和时频函数之间的相对位置关系示意图如图 3.22 所示。

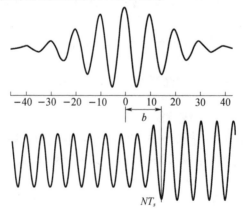

图 3.22 ASK 信号和时频函数之间的相对位置关系示意图

50

1）无符号变化时

当 ASK 信号幅度无变化时，其 morlet 小波变换：

$$
\begin{aligned}
WT_{ask}(a,\tau) &= \frac{\sqrt{s}}{a} b_n e^{j\theta_0} \int_{-\infty}^{\infty} e^{j\omega_c t} e^{-\frac{(t-\tau)^2}{2a^2}} e^{-j\omega_\varphi(t-\tau)/a} dt \\
&= \frac{\sqrt{s}}{a} b_n e^{j\theta_0} \int_{-\infty}^{\infty} e^{j\omega_c(t+\tau)} e^{-\frac{t^2}{2a^2}} e^{-j\omega_\varphi t/a} dt \\
&= b_n \sqrt{2\pi s} e^{j\omega_c\tau + j\theta_0} e^{-\frac{(a\omega_c-\omega_\varphi)^2}{2}}
\end{aligned}
\tag{3-50}
$$

当存在载频估计误差 $\Delta\omega$ 时，由式(3-50)得到的载频时频曲线的模为

$$
|WT_{ask}(a,\tau)| = b_n \sqrt{2\pi s} e^{-(a\Delta\omega)^2/2}
\tag{3-51}
$$

由式(3-51)可知，即使存在载频估计误差时，其载频时频曲线模值仍然可以有效反映信号中符号的变化，由于幅度未达最大值，相应抗噪性能也会降低。

2）有符号变化时

当积分时间窗口跨越第 N 和 $N+1$ 个符号，且符号变化点偏离时频积分中量为 b 时（图3.22），其时频变换系数为

$$
\begin{aligned}
WT_{ask}(a,\tau) &= \frac{\sqrt{s}}{a} e^{j\varphi_0} \Big[b_n \int_{-\infty}^{b} e^{j\omega_c t} e^{-\frac{(t-\tau)^2}{2a^2}} e^{\frac{-j\omega_\varphi(t-\tau)}{a}} dt \\
&+ b_{n+1} \int_{b}^{\infty} e^{j\omega_c t} e^{-\frac{(t-\tau)^2}{2a^2}} e^{\frac{-j\omega_\varphi(t-\tau)}{a}} dt \Big]
\end{aligned}
\tag{3-52}
$$

其载频时频曲线系数为

$$
WT_{ask}(a,\tau) = \sqrt{2\pi s} e^{j\varphi_0 + j\omega_c\tau} \big[(1 - m_a(b)) b_n + m_a(b) b_{n+1} \big]
\tag{3-53}
$$

其中

$$
m_a(b) = \frac{1}{a\sqrt{\pi}} \int_{b}^{\infty} \exp\Big(-\frac{t^2}{2a^2} \Big) dt = 0.5 \, erfc(b/a)
\tag{3-54}
$$

由式(3-53)还可知，如果 $b_n < b_{n+1}$，过渡段时频系数满足：

$$
|WT_{ask}(a,\tau)| \leqslant |WT_{ask}(a,\tau+1)|
\tag{3-55}
$$

由式(3-53)~式(3-55)可知，ASK 信号载频时频曲线上，靠近符号

改变点位置的时频系数值呈现出由第 N 个符号内曲线值向第 $N+1$ 个符号内曲线值的平滑过渡,并且在符号跳变点处的曲线值正好为两个符号内曲线值的均值。

图 3.23 为某一 2ASK 信号在不同时频变换尺度因子条件下的时频系数曲线示意图。

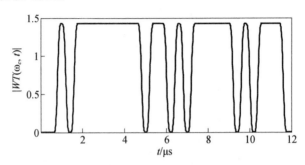

图 3.23　2ASK 信号载频时频曲线图

2. QAM 信号的载频时频曲线

1）无符号变化时

当时频积分区间内 QAM 信号无符号变化时,相应时频系数为

$$WT_{qam}(a,\tau) = \frac{\sqrt{s}}{a}e^{j\varphi_0}\int_{-\infty}^{\infty}(a_n + jb_n)e^{j\omega_c t}e^{-\frac{(t-\tau)^2}{2a^2}}e^{-\frac{j\omega_\varphi(t-\tau)}{a}}dt$$

$$= \sqrt{2\pi s}A_n e^{-(a\omega_c-\omega_\varphi)^2/2}e^{j\omega_c\tau+j\varphi_0+j\varphi_n} \qquad (3-56)$$

其中:$A_n = \sqrt{a_n^2 + b_n^2}$,$\varphi_n = atan(b_n/a_n)$,则载频时频系数模为

$$| WT_{qam}(a,\tau)| = \sqrt{2\pi s}A_n \qquad (3-57)$$

2）有符号变化时

当时频积分区间内 QAM 信号有符号变化时,相应时频系数为

$$WT(a,\tau)_{qam} = \frac{\sqrt{s}}{a}e^{j\varphi_0}\Big[\int_{-\infty}^{b}(a_n + jb_n)e^{j\omega_c t}e^{-\frac{(t-\tau)^2}{2a^2}}e^{-\frac{j\omega_\varphi(t-\tau)}{a}}dt$$

$$+ \int_{b}^{\infty}(a_{n+1} + jb_{n+1})e^{j\omega_c t}e^{-\frac{(t-\tau)^2}{2a^2}}e^{-\frac{j\omega_\varphi(t-\tau)}{a}}dt\Big]$$

$$= \frac{\sqrt{s}}{a}A_n e^{j\varphi_0}\Big[\int_{-\infty}^{\infty}e^{j\omega_c t}e^{-\frac{(t-\tau)^2}{2a^2}}e^{-\frac{j\omega_\varphi(t-\tau)}{a}}dt +$$

$$\left(\frac{A_{n+1}}{A_n} \mathrm{e}^{\mathrm{j}\Delta\varphi} - 1 \right) \int_b^{\infty} \mathrm{e}^{\mathrm{j}\omega_c t} \mathrm{e}^{-\frac{(t-\tau)^2}{2a^2}} \mathrm{e}^{-\frac{\mathrm{j}\omega_\varphi(t-\tau)}{a}} \mathrm{d}t \right] \qquad (3-58)$$

其中，$\Delta\varphi = \varphi_{n+1} - \varphi_n$，相应载频时频曲线为

$$\mid WT_{\mathrm{qam}}(a,\tau) \mid = \frac{\sqrt{2\pi s}}{2} \mid 2A_n - 2A_n m_a(b) + 2A_{n+1}\mathrm{e}^{\mathrm{j}\Delta\varphi} m_a(b) \mid$$

$$(3-59)$$

符号改变点处 $(b=0)$，$m_a(0) = 0.5$，则 QAM 信号系数模为

$$\mid WT_{\mathrm{qam}}(a,\tau) \mid = \frac{\sqrt{2\pi s}}{2} \mid A_n + A_{n+1}\mathrm{e}^{\mathrm{j}\Delta\varphi} \mid \qquad (3-60)$$

因此，QAM 信号符号改变点处的载频时频值与 $\Delta\varphi$ 关系如图 3.24 所示，图 3.25 为 16QAM 信号载频时频曲线图。

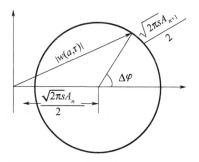

图 3.24 QAM 信号符号改变点处的载频时频值与 $\Delta\varphi$ 关系图

3. PSK 信号的载频时频曲线

PSK 和 QAM 信号相比无幅度调制信息，可看作是 QAM 信号的一个特例。因此，PSK 信号的载频时频曲线可由 QAM 信号的载频时频曲线得到。

1）无符号变化时

当时频积分区间内无符号变化时，载频时频曲线模值为

$$\mid WT_{\mathrm{psk}}(a,\tau,\Delta\varphi = 0) \mid = \sqrt{2\pi s} \qquad (3-61)$$

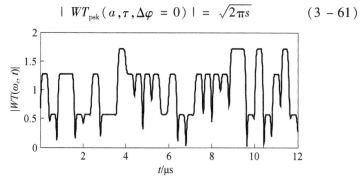

图 3.25 16QAM 信号载频时频曲线图

2）有符号变化时

由式（3-60）可知，当 $a = \omega_\varphi/\omega_c$ 时，相位跳变点处 PSK 信号载频时频曲线的系数为

$$| WT(a, nT_s, \Delta\varphi) | = \frac{\sqrt{2\pi s}}{2} | 1 + e^{j\Delta\varphi} | \qquad (3-62)$$

由式（3-62），时频系数的模值与相位跳变量 $\Delta\varphi$ 之间的关系如图 3.26 所示。由图 3.26 可以看出，在相位跳变点处的时频系数幅值主要取决于相位跳变量大小：$\Delta\varphi = \pi$，时频系数模为 0；$\Delta\varphi = 0$，时频系数为 $\sqrt{2\pi s}$。图 3.27 为 BPSK 信号载频时频曲线图。

4. CPFSK 信号的载频时频曲线

CPFSK 信号在不同符号周期内，具有不同的载频分量，共有 M 个频率分量。其时频变换系数的讨论也分有符号变化和无符号变化两种情况讨论。

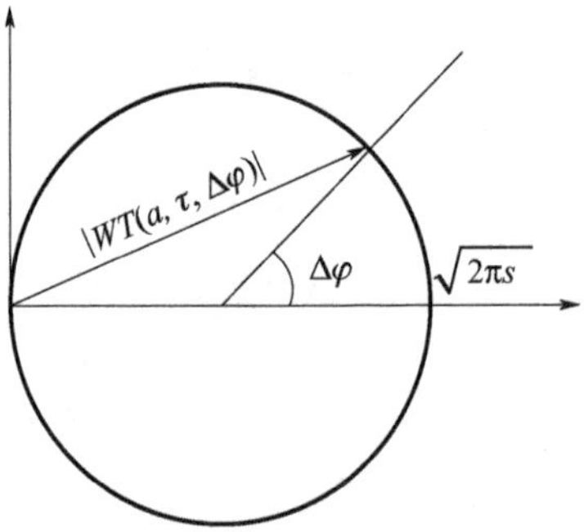

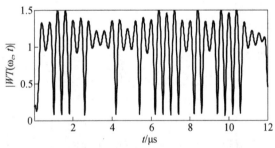

图 3.26　时频系数的模值与相位跳变量 $\Delta\varphi$ 之间的关系图

图 3.27　BPSK 信号载频时频曲线图

1）无符号变化时

CPFSK 信号也具有 M 个信号载频。在一个符号周期内，时频系数为

$$WT_{\text{cpfsk}}(a, \tau) = \frac{\sqrt{s}}{a} \int_{-\infty}^{\infty} e^{j\omega_c t} e^{j2\omega_d hT_s \int_{-\infty}^{t} v(m)\,dm} e^{-\frac{(t-\tau)^2}{2a^2}} e^{-\frac{j\omega_\varphi(t-\tau)}{a}}\,dt$$

$$(3-63)$$

由于在单个符号内，$v(\tau) = b_n/(2T_s), b_n \in \{\pm 1, \pm 3, \cdots, \pm(M-1)\}$，则

$$WT_{\text{cpfsk}}(a,\tau) = \frac{\sqrt{s}}{a} \int_{-\infty}^{\infty} e^{j\varphi_s(t)} e^{-\frac{(t-\tau)^2}{2a^2}} e^{-\frac{j\omega_\varphi(t-\tau)}{a}} dt \qquad (3-64)$$

$$\varphi_s(t) = \omega_c t + \varphi_0 + \varphi_n((n-1)T_s) + \omega_d h b_n(t - (n-1)T_s) \qquad (3-65)$$

其中，$\varphi_n((n-1)T_s)$ 为第 N 个符号之前 $v(m)$ 累计的相位：

$$\varphi_n(t) = 2\omega_d h T_s \int_{-\infty}^{t} v(m)\, dm \qquad (3-66)$$

可得

$$|WT_{\text{cpfsk}}(a,\tau)| = \sqrt{2\pi s}\, e^{-(a(\omega_c + \omega_d b_n h) - \omega_\varphi)^2/2} \qquad (3-67)$$

当 $a = \omega_\varphi/(\omega_c + \omega_d b_n h)$ 时，$|WT_{\text{cpfsk}}(a,\tau)| = \sqrt{2\pi s}$。

2）有符号变化时

当时频积分时间窗口内存在符号跳变时，时频系数为

$$WT_{\text{cpfsk}}(a,\tau) = \frac{\sqrt{s}}{a} e^{j\varphi_0} \Big[\int_{-\infty}^{b} e^{j\omega_c t} e^{j2\omega_d h T_s \int_{-\infty}^{t} v(m)dm} e^{-\frac{(t-\tau)^2}{2a^2}} e^{\frac{-j\omega_\varphi(t-\tau)}{a}} dt +$$

$$\int_{b}^{\infty} e^{j\omega_c t} e^{j2\omega_d h T_s \int_{-\infty}^{t} v(m)dm} e^{-\frac{(t-\tau)^2}{2a^2}} e^{\frac{-j\omega_\varphi(t-\tau)}{a}} dt \Big] \qquad (3-68)$$

当 $\tau = nT_s(n = 1,2,\cdots)$ 时，$a = \omega_\varphi/(\omega_c + \omega_d b_n h)$

$$WT_{\text{cpfsk}}(a,nT_s) = e^{j(\varphi_0 + \varphi(nT_s) + \omega_c\tau)} \Big[\frac{\sqrt{2\pi s}}{2}(1 + e^{-a^2\omega_d^2 h^2(b_{n+1} - b_n)^2}) + jn_a(t) \Big] \qquad (3-69)$$

$$n_a(t) = \int_0^{\infty} e^{-\frac{t^2}{2a^2}} \sin(a\omega_c t - \omega_\varphi t)\, dt \qquad (3-70)$$

由式（3-69）可得

$$|WT_{\text{cpfsk}}(a,nT_s)| \approx e^{j(\varphi_0 + \varphi(nT_s) + \omega_c\tau)} \frac{\sqrt{2\pi s}}{2}(1 + e^{-a^2 h^2 \omega_d^2(b_{n+1} - b_n)^2}) \qquad (3-71)$$

图 3.28 所示为 2CPFSK 信号的载频时频曲线，其中 $a = \omega_\varphi/\omega_{c1}$。

由式（3-67）和式（3-71）可知，当时频积分时间窗口在第 N 个

符号内、第 N 个符号变化点、在第 $N+1$ 个符号内三种情况下(时频变换的时间分别为 τ_1、τ_2、τ_3),如果采用同一个时频尺度因子进行变换,且尺度因子为 $a = \omega_\varphi / (\omega_c + h\omega_d b_n)$ 时,这三点处的时频系数模分别为

$$| WT_{\text{cpfsk}}(a, \tau_1) | = \sqrt{2\pi s} \qquad (3-72)$$

$$| WT_{\text{cpfsk}}(a, \tau_2) | \approx \frac{\sqrt{2\pi s}}{2}\left(1 + \exp\left(\frac{-a^2\omega_d^2 h^2 (b_{n+1} - b_n)^2}{2}\right)\right)$$
$$(3-73)$$

$$| WT_{\text{cpfsk}}(a, \tau_3) | = \sqrt{2\pi s}\exp\left(\frac{-a^2\omega_d^2 h^2 (b_{n+1} - b_n)^2}{2}\right)$$
$$(3-74)$$

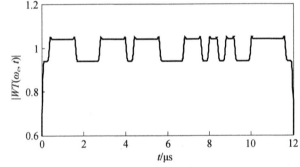

图 3.28 2CPFSK 信号载频时频曲线图

5. FSK 信号的载频时频曲线

FSK 信号在不同的符号周期内,具有不同的载频分量(共有 M 个频率分量),并且不同符号之间的相位并不一定连续。其载频时频曲线的讨论也分有符号变化和无符号变化两种情况讨论。

1)无符号变化时

由前面的分析可知,当积分时间窗口内无符号变化时,小波变换系数为

$$WT_{\text{fsk}}(a, \tau) = \sqrt{2\pi s}\, e^{j\varphi_0 + j\omega_n \tau}\, e^{-\frac{(a\omega_n - \omega_\varphi)^2}{2}} \qquad (3-75)$$

$$| WT_{\text{fsk}}(a, \tau) | = \sqrt{2\pi s}\, e^{-\frac{(a\omega_n - \omega_\varphi)^2}{2}} \qquad (3-76)$$

2）有符号有变化时

当利用小波变换对 FSK 信号进行分析时，FSK 信号 morlet 小波变换示意图如图 3.29 所示。

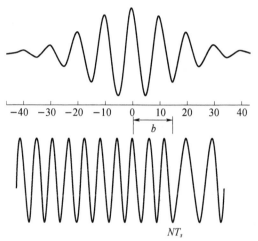

图 3.29　FSK 信号 morlet 小波变换示意图

当第 N 和 $N+1$ 个符号有变化，且小波积分时间窗口跨越该突变点，$NT_s - b$ 点处小波系数为

$$WT_{\text{fsk}}(a, NT_s - b) = \frac{\sqrt{s}}{a} \Big[\int_{-\infty}^{b} e^{j\omega_n t + j\varphi_n} e^{-\frac{t^2}{2a^2}} e^{\frac{-j\omega_\varphi t}{a}} dt$$

$$+ \int_{b}^{\infty} e^{j\omega_{n+1} t + j\varphi_{n+1}} e^{-\frac{t^2}{2a^2}} e^{\frac{-j\omega_\varphi t}{a}} dt \Big] \qquad (3-77)$$

$b = 0$ 时，可得

$$WT_{\text{fsk}}(a, NT_s) = \frac{\sqrt{s}}{a} e^{j\varphi_n} \Big[\int_{-\infty}^{\infty} e^{j\omega_n t} e^{-\frac{t^2}{2a^2}} e^{\frac{-j\omega_\varphi t}{a}} dt$$

$$+ \int_{0}^{\infty} (e^{j\omega_{n+1} t} e^{j\Delta\varphi} - e^{j\omega_n t}) e^{-\frac{t^2}{2a^2}} e^{\frac{-j\omega_\varphi t}{a}} dt \qquad (3-78)$$

式（3-78）可表示成

$$| WT_{\text{cpfsk}}(a, \tau_2) | \approx \frac{\sqrt{2\pi s}}{2} \Big(1 + e^{j\Delta\varphi} \exp\Big(\frac{-a^2 (\omega_{n+1} - \omega_n)^2}{2} \Big) \Big)$$

$$(3-79)$$

当 $a^2(\omega_{n+1}-\omega_n)^2 \approx 0$ 时(其中 ω_n、ω_{n+1} 均为归一化的),则由式 (3-79)可得

$$|WT_{fsk}(a,NT_s)| \approx \frac{\sqrt{2\pi s}}{2}|1+e^{j\Delta\varphi}| \qquad (3-80)$$

当 $\Delta\varphi = 2n\pi(n=0,1,\cdots)$,式(3-79)可表示为

$$|WT_{cpfsk}(a,\tau_2)| \approx \frac{\sqrt{2\pi s}}{2}\left(1+\exp\left(\frac{-a^2(\omega_{n+1}-\omega_n)^2}{2}\right)\right)$$

$$(3-81)$$

比较式(3-62)、式(3-80)和式(3-73)、式(3-81)可知:在不同的条件下,FSK 信号的载频时频曲线兼有 PSK 信号和 CPFSK 信号的特征。

图 3.30 所示为三个 2FSK 信号(h 分别为 1、0.7、0.5)的载频时频曲线,也即子小波中心频率等于 2FSK 信号中的一个载率。图 3.30(a)中的载频时频曲线与图 3.28 中所示的 CPFSK 信号类似,表现出单纯的阶跃特征;图 3.30(b)、(c)则除了具有 CPFSK 信号的阶跃特征外,还具有图 3.27 所示的 BPSK 突变特征。

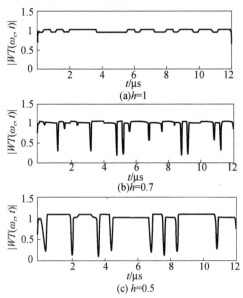

图 3.30　2FSK 信号载频时频曲线图

由于 FH 信号形式与 FSK 相似,因此其载频时频曲线形态与 FSK 也相似,相应的公式推导不再赘述。

6. LFM 信号的载频时频曲线

由式(3-16)可知,LFM 信号没有固定载频,提取载频时频曲线时,假定以信号频率中值为载频,且 LFM 信号时长为 T_{max},则中点处载频为 $\omega_c + \pi k T_{max}$。同时假定在时频变换支撑域内,其频率近似为稳定的,则其 morlet 小波变换为

$$WT_{nlfm}(a,\tau) \approx \sqrt{2\pi s}\, e^{j\omega_c\tau + j\pi k\tau^2 + j\varphi_0} e^{-\frac{a^2(2\pi kt - \pi k T_{max})^2}{2}} \qquad (3-82)$$

由于 $a(\omega_c + \pi k T_{max}) = \omega_\varphi$,则

$$|WT_{nlfm}(a,\tau)| \approx \sqrt{2\pi s}\, e^{-\frac{a^2(2\pi kt - \pi k T_{max})^2}{2}} \qquad (3-83)$$

因此,LFM 信号的载频时频曲线呈高斯形状,如图 3.31 所示。

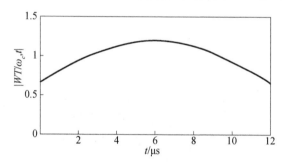

图 3.31　LFM 信号载频时频曲线图

7. NLFM 信号的载频时频曲线

NLFM 信号与 LFM 信号相似,没有固定载频,在提取其时频曲线时,假定计算采用的载频为 $\omega_c + \omega_{nlfm}$ 为信号时间中点处频率值,同时假定在时频变换支撑域内,其频率近似为稳定的,则其载频时频曲线为

$$|WT_{nlfm}(a,\tau)| \approx \sqrt{2\pi s}\, e^{-\frac{a^2(m(t) - \omega_{nlfm})^2}{2}} \qquad (3-84)$$

图 3.32 为 NLFM 信号载频时频曲线图。

8. SFM 信号的载频时频曲线

SFM 信号的中心频率为 ω_c,且在 ω_c 有梳状谱,则在提取时频曲线时,估计的载频会锁定在 ω_c 上。假定在时频变换支撑域内,其频率近

似稳定,则其载频时频曲线为

$$|WT_{sfm}(a,\tau)| \approx \sqrt{2\pi s}\,e^{-\frac{a^2(b\sin(\omega_m t))^2}{2}} \qquad (3-85)$$

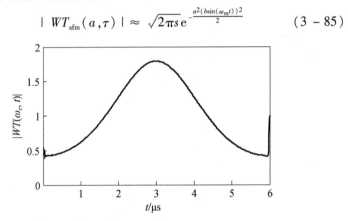

图 3.32　NLFM 信号载频时频曲线图

由式(3-85)和图 3.33 可知,SFM 信号的载频时频曲线也是周期变化的,其变化周期为 $2\omega_m$。

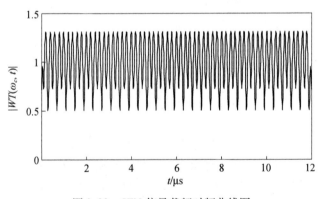

图 3.33　SFM 信号载频时频曲线图

3.5　典型信号时频脊系数曲线特征

由式(2-59)可知,其提取时频脊系数曲线,每一时刻值为此时刻最大频率的分量,也即分析时频脊系数曲线形态时,主要分析符号无变化、符号有变化时的最大频率分量即可。

1. ASK 信号时频脊系数曲线

由式(3-24)可知，ASK 信号的瞬时频率始终为 ω_c，因此其时频脊系数曲线值为

$$WT_{ask}(a_r(\tau),\tau) = \frac{\sqrt{s}}{a}b_n e^{j\theta_0}\int_{-\infty}^{\infty} e^{j\omega_c t} e^{-\frac{(t-\tau)^2}{2a^2}} e^{-j\omega_\varphi(t-\tau)/a} dt$$

$$= b_n \sqrt{2\pi s}\, e^{j\omega_c\tau+j\theta_0} e^{-\frac{(a\omega_c-\omega_\varphi)^2}{2}} = b_n \sqrt{2\pi s}\, e^{j\omega_c\tau+j\theta_0} \qquad (3-86)$$

$$|WT_{ask}(a_r(\tau),\tau)| = b_n \sqrt{2\pi s} \qquad (3-87)$$

也即 ASK 信号时频脊系数曲线与载频时频曲线是一致的。图 3.34 为 2ASK 信号时频脊系数曲线图。

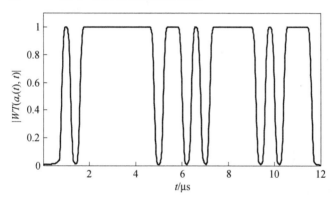

图 3.34　2ASK 信号时频脊系数曲线图

2. PSK 信号时频脊系数曲线

由式(3-25)可知，分析时间窗口内信号无相位跳变时，信号的瞬时频率 $\omega(t)=\omega_c$，此时信号的频谱分量为

$$S_{psk}(\omega) = \sqrt{s}\,e^{j\varphi_0}2T_1 = \sqrt{s}\,e^{j\varphi_0}T \qquad (3-88)$$

相应的时频脊系数曲线值为

$$|WT_{psk}(a_r(\tau),\tau)|_{\Delta\varphi=0} = \sqrt{2\pi s} \qquad (3-89)$$

由式(3-34)可知，当分析时间窗口内信号有相位跳变时，则相位跳变点处的瞬时频率为 $\omega_{max}\approx\omega_c+\Delta\varphi/\pi\omega_m$，将其代入式(3-28)可知，此时瞬时频率的频谱分量为

$$S_{\text{psk}}(\omega) = \sqrt{s}\,e^{j\varphi_0}\,T\,Sa\left(\frac{\Delta\varphi}{2}\right) \tag{3-90}$$

相应的时频脊系数曲线值为

$$\mid WT_{\text{psk}}(a_r(\tau),\tau)\mid_{\Delta\varphi\neq0} \approx \sqrt{2\pi s}\,Sa\left(\frac{\Delta\varphi}{2}\right) \tag{3-91}$$

由式(3-91)可知,BPSK 时频脊系数曲线最小值不为 0。图 3.35 为 BPSK 信号时频脊系数曲线图。

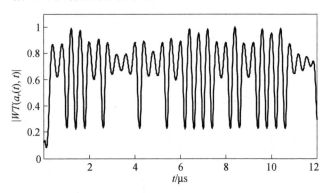

图 3.35　BPSK 信号时频脊系数曲线图

3. QAM 信号时频脊系数曲线

QAM 信号的瞬时频率分布和 PSK 信号相近,当分析时间窗口内信号无符号变化时,信号的瞬时频率 $\omega(t) = \omega_c$,此时信号的频谱分量为

$$S_{\text{qam}}(\omega) = \sqrt{s}\,A_n\,e^{j\varphi_0}\,2T_1 = \sqrt{s}\,A_n\,e^{j\varphi_0}\,T \tag{3-92}$$

相应的时频脊系数曲线值为

$$\mid WT_{\text{psk}}(a_r(\tau),\tau)\mid_{\Delta\varphi=0} = \sqrt{2\pi s}\,A_n \tag{3-93}$$

由式(3-44)可知,当分析时间窗口内信号有符号变化时,则符号变化点处的瞬时频率为 $\omega_{\max} \approx \omega_c + \Delta\varphi/\pi\omega_m$,将其代入式(3-43)可知,此时瞬时频率的频谱分量为

$$S_{\text{qam}}(\omega) = \sqrt{s}\,e^{j\varphi_0}\,T\,\frac{A_n + A_{n+1}}{2}\,Sa\left(\frac{\Delta\varphi}{2}\right) \tag{3-94}$$

则符号变化点处相应的时频脊系数曲线为

$$\mid WT_{\text{psk}}(a_r(\tau),\tau)\mid_{\Delta\varphi\neq0} \approx \sqrt{2\pi s}\,\frac{A_n + A_{n+1}}{2}\,Sa\left(\frac{\Delta\varphi}{2}\right) \tag{3-95}$$

图 3.36 为 16QAM 信号时频脊系数曲线图。

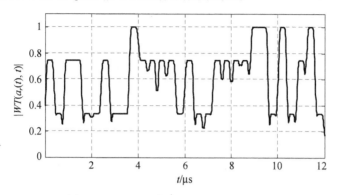

图 3.36　16QAM 信号时频脊系数曲线图

4. CPFSK 信号时频脊系数曲线

由式（3－35）可知，CPFSK 信号的瞬时频率为 $\omega_c + \omega_d b_n h$，则在每个符号内（时频分析时间窗口内无符号变化），信号的时频脊系数曲线为

$$WT_{\text{cpfsk}}(a_r(\tau),\tau) = \frac{\sqrt{s}}{a_r(\tau)} \int_{-\infty}^{\infty} e^{j\varphi_s(t)} e^{-\frac{(t-\tau)^2}{2a_r(\tau)^2}} e^{-\frac{j\omega_\varphi(t-\tau)}{a_r(\tau)}} dt \quad (3-96)$$

其中，$a_r(\tau) = \omega_\varphi/(\omega_c + \omega_d b_n h)$，则

$$|WT_{\text{cpfsk}}(a_r(\tau),\tau)| = \sqrt{2\pi s} \quad (3-97)$$

由式（3－97）可知，CPFSK 信号的时频脊系数曲线在单个符号内与符号值无关，它反映的是信号瞬时频率的幅值。

当时频分析时间窗口内有符号跳变时，信号的时频脊系数曲线为

$$WT_{\text{cpfsk}}(a_r(\tau),\tau) = \frac{\sqrt{s}}{a_r(\tau)} e^{j\varphi_0} \Big[\int_{-\infty}^{b} e^{j\omega_c t} e^{j2\omega_d hT_s \int_{-\infty}^{t} v(m)dm} e^{-\frac{(t-\tau)^2}{2a_r(\tau)^2}}$$

$$e^{\frac{-j\omega_\varphi(t-\tau)}{a_r(\tau)}} dt + \int_{b}^{\infty} e^{j\omega_c t} e^{j2\omega_d hT_s \int_{-\infty}^{t} v(m)dm} e^{-\frac{(t-\tau)^2}{2a_r(\tau)^2}} e^{\frac{-j\omega_\varphi(t-\tau)}{a_r(\tau)}} dt \Big] \quad (3-98)$$

此时，$a_r(\tau) = \omega_\varphi/\omega(t)$，$\omega(t) = \omega_c + \omega_d h \dfrac{b_n + b_{n+1}}{2}$，则

$$|WT_{\text{cpfsk}}(a_r(\tau),\tau)| = \sqrt{2\pi s} \, e^{-(a_r(\tau)\Delta\omega)^2/2} \quad (3-99)$$

其中，$\Delta\omega = \omega_d h(b_{n+1} - b_n)/2$。

由图 3.37 可以看出,在符号变化点处,CPFSK 信号时频脊系数曲线变化很微弱,当在噪声情况下,这些微小变化可以忽略不计,可以认为其曲线为一条直线。

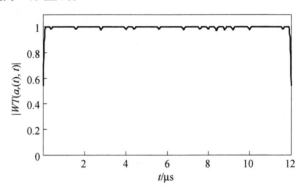

图 3.37　CPFSK 信号时频脊系数曲线图

5. FSK 信号时频脊系数曲线

当时频分析时间窗口内无符号变化时,其时频脊系数曲线与 CPFSK 信号相同,为

$$| WT_{\text{fsk}}(a_r(\tau),\tau) | = \sqrt{2\pi s} \qquad (3-100)$$

但当时频分析时间窗口内有符号变化时,且当相邻符号间有相位突变($\Delta\varphi \neq 0$),瞬时频率既有 CPFSK 信号特征,又有 PSK 信号特征,而这两个信号在符号变化点处,时频脊系数曲线都会衰变。因此,FSK 信号的时频脊系数曲线在符号变化点处也会发生畸变。图 3.38 为 2FSK 信号时频脊系数曲线图。

6. LFM/NLFM 信号时频脊系数曲线

由式(3-45)、式(3-46)可知,LFM、NLFM 信号的瞬时频率都是时变的,因此利用小波变换时,其时频脊系数曲线所对应的小波变换 $a_r(\tau)$ 分别为

$$a_{r,\text{lfm}}(\tau) = \omega_\varphi/(\omega_c + 2\pi k\tau) \qquad (3-101)$$

$$a_{r,\text{nlfm}}(\tau) = \omega_\varphi/(\omega_c + 2\pi m(t)) \qquad (3-102)$$

由于 LFM、NLFM 信号瞬时频率相对时频分析时间窗口为缓变,瞬时频率分量大小不变,且信号无相位跳变,则相应的时频脊系数曲线为

64

$$| WT_{\text{lfm/nlfm}}(a_r(\tau),\tau) | \approx \sqrt{2\pi s} \qquad (3-103)$$

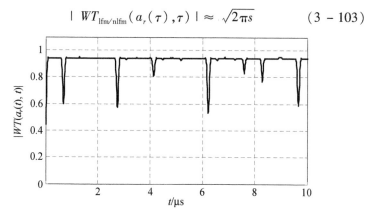

图 3.38　2FSK 信号时频脊系数曲线图

图 3.39 为 LFM/NLFM 信号时频脊系数曲线图。

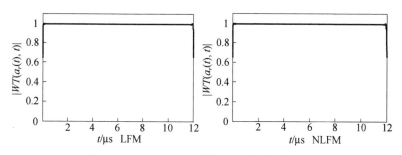

图 3.39　LFM/NLFM 信号时频脊系数曲线图

7. SFM 信号时频脊系数曲线

由式(3-47)可知,SFM 信号的瞬时频率为一个周期为 ω_m 变化的曲线,在利用小波变换时,其时频脊系数曲线所对应的小波变换 $a_r(\tau)$ 为

$$a_{r,\text{sfm}}(\tau) = \omega_\varphi / (\omega_c + b\sin(\omega_m\tau)) \qquad (3-104)$$

一般情况下,$\omega_c \gg b\sin(\omega_m\tau)$,因此在时频分析时间窗口内,信号频率相对变化量比较小且无相位跳变,相应的时频脊系数曲线为

$$| WT_{\text{sfm}}(a_r(\tau),\tau) | \approx \sqrt{2\pi s} \qquad (3-105)$$

图 3.40 为 SFMSK 信号时频脊系数曲线图。相比较 LFM、NLFM 信号,SFM 信号时频脊系数曲线有一定的抖动,原因在于 SFM 信号瞬时频率

是一个比较快速变化的过程,且每个时刻时频分析时间窗口内瞬时频率分布都不一致,导致每个时刻其相应的时频变换值有细微的起伏。当然,在有信噪比情况下,这种起伏可以忽略不计。

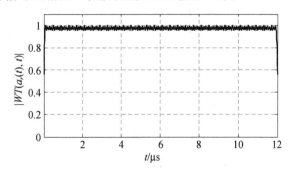

图 3.40　SFM 信号时频脊系数曲线图

3.6　典型信号零中频相位曲线特征

这一部分主要分析各典型信号的零中频相位特征,这种特征重点反映在去除载频特征之后的信号相位随时间变化关系。由式(3-2)~式(3-21)可知,ASK、PSK、FSK、FH、CPFSK、QAM、LFM、NLFM、SFM 等信号的差别在于相应的调制信号或基带信号 $p_{ask}(t)$、$p_{psk}(t)$、$p_{fsk}(t)$、$p_{fh}(t)$、$p_{cpfsk}(t)$、$p_{qam}(t)$、$p_{lfm}(t)$、$p_{nlfm}(t)$、$p_{sfm}(t)$,因此信号的零中频相位也主要取决于调制信号或基带信号。

1. CW 信号零中频相位曲线特征

由式(3-1)可知,CW 信号的基带信号无相位调制,其零中频相位为常量:

$$\varphi(t) = \theta_0 \qquad (3-106)$$

图 3.41 为 CW 信号零中频相位曲线图。

2. ASK 信号零中频相位曲线特征

由式(3-2)可知,ASK 信号的基带信号无相位调制,在信息符号 $b_n \neq 0$ 时,其零中频相位为常量:

$$\varphi_{ask}(t) = \theta_0 \qquad (3-107)$$

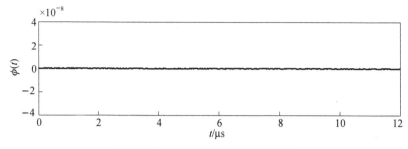

图 3.41　CW 信号零中频相位曲线图

但在实际的信号分析过程中,一方面由于 $b_n = 0$,其间无信号,零中频相位值主要取决于噪声;另一方面载频估计会有残留频偏,使得其零中频相位为

$$\varphi_{\text{ask}}(t) = \Delta\omega t + \theta_0 \qquad (3-108)$$

式中: $\Delta\omega$ 为残留频偏大小。

如图 3.42 所示为 2ASK 信号零中频相位曲线,当符号不为 0 时,其零中频相位曲线呈线性变化;当符号为 0 时,其零中频相位曲线为噪声信号。

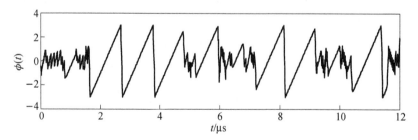

图 3.42　2ASK 信号零中频相位曲线图

3. PSK 信号零中频相位曲线特征

由式(3-5)可知,PSK 信号的基带信号有相位调制,其零中频相位为

$$\varphi_{\text{psk}}(t) = \sum_n g_{T_s}(t - nT_s)\varphi_n + \theta_0, \varphi_n \in \left\{0, \frac{1}{M}2\pi, \cdots, \frac{M-1}{M}2\pi\right\}$$

$$(3-109)$$

也即其相位在各个符号内为非连续的,考虑到载频估计会有残留频偏,使得其相位为

$$\varphi_{\mathrm{psk}}(t) = \Delta\omega t + \sum_{n} g_{T_s}(t - nT_s)\varphi_n + \theta_0 \qquad (3-110)$$

如图 3.43 所示为 BPSK 信号的零中频相位曲线图,其中由于残留频偏的存在,使得曲线除了相位突变外,还有一定的变化斜率。

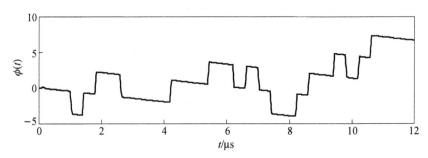

图 3.43　BPSK 信号零中频相位曲线图

4. FSK 信号零中频相位曲线特征

由式(3-8)可知 FSK 信号的基带信号有频率调制,且多个频率之间以等概率方式随机出现,假定信号下变频 M 个频率的平均值为 ω_c,则零中频相位表达式为

$$\varphi_{\mathrm{fsk}}(t) = \sum_{n} g_{T_s}(t - nT_s)(\omega_n - \omega_c)t + \theta_0, \omega_n \in \{\omega_1, \omega_2, \cdots, \omega_M\}$$

$$(3-111)$$

如果相邻符号间频率不满足 $(\omega_{n+1} - \omega_n)T_s = 2k\pi, k \in z$,则相邻符号间零中频相位不连续。

图 3.44 所示为 2FSK 信号的零中频相位曲线图,其中由于相位不连续,使得曲线呈现两种"斜率"和一个突变特征。

5. CPFSK 信号零中频相位曲线特征

由式(3-10)可知,CPFSK 信号是相位连续信号,假定信号下变频频率的平均值为 ω_c,则其零中频相位为

$$\varphi_{\mathrm{cpfsk}}(t) = 2(\omega_d - \omega_c)T_s \int_{-\infty}^{t} v(\tau)\mathrm{d}\tau + \theta_0 \qquad (3-112)$$

图 3.45 为 CPFSK 信号零中频相位图。

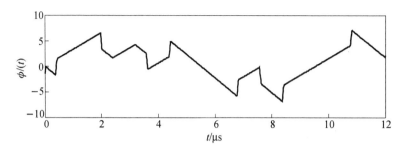

图 3.44　2FSK 信号零中频相位曲线图

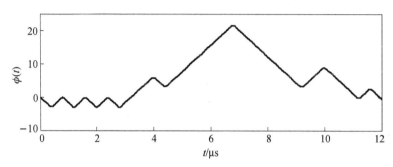

图 3.45　CPFSK 信号零中频相位图

6. FH 信号零中频相位曲线特征

由式(3 - 13)可知 FH 信号的基带信号有频率调制,且多个频率之间以等概率方式随机出现,假定信号下变频 N 个频率的平均值为 ω_c,则零中频相位表达式为

$$\varphi_{fh}(t) = \sum_n g_{T_s}(t - nT_s)(\omega_n - \omega_c)t + \theta_0, \omega_n \in \{\omega_1, \omega_2, \cdots, \omega_N\}$$

$$(3 - 113)$$

如果相邻符号间频率不满足 $(\omega_{n+1} - \omega_n)T_s = 2k\pi, k \in z$,则相邻符号间零中频相位不连续,图 3.46 中所示零中频相位曲线正好满足 $(\omega_{n+1} - \omega_n)T_s = 2k\pi$。

7. QAM 信号零中频相位曲线特征

由式(3 - 15)可知,QAM 信号的基带为

$$p_{qam}(t) = \sum_n (a_n + jb_n)g_{T_s}(t - nT_s) \qquad (3 - 114)$$

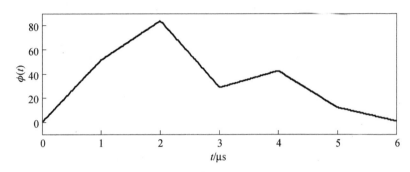

图 3.46　FH 信号零中频相位曲线图

式中：(a_n, b_n) 为 QAM 信号的星座图位置。如果利用极坐标表示，式 (3-114) 可表示为

$$p_{qam}(t) = \sum_n \sqrt{a_n^2 + b_n^2}\, g_{T_s}(t - nT_s) \exp(j\mathrm{atan}(b_n/a_n))$$

$$(3-115)$$

其零中频相位为

$$\varphi_{qam}(t) = \sum_n g_{T_s}(t - nT_s)\mathrm{atan}(b_n/a_n) + \theta_0 \quad (3-116)$$

也即其相位在各个符号间为非连续的。图 3.47 为 16QAM 信号零中频相位曲线图。

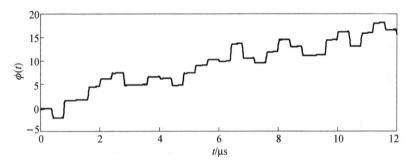

图 3.47　16QAM 信号零中频相位曲线图

8. LFM 信号零中频相位曲线特征

由式 (3-17) 可知，LFM 信号的零中频相位为

$$\varphi_{\text{lfm}}(t) = k\pi t^2 + \theta_0 \qquad (3-117)$$

由式(3-117)可知,LFM 信号零中频相位为二次曲线,如图 3.48 所示。

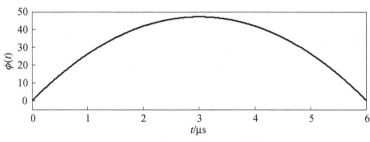

图 3.48　LFM 信号零中频相位曲线图

9. NLFM 信号零中频相位曲线特征

由式(3-19)可知,NLFM 信号的零中频相位为

$$\varphi_{\text{nlfm}}(t) = 2\pi \int m(t)\,\mathrm{d}t + \theta_0 \qquad (3-118)$$

式中:$m(t)$ 为非线性函数,如高斯函数、截断的余弦函数等。

如果 $m(t)$ 为截断的正弦信号,则 NLFM 信号零中频相位为截断的余弦波形,如图 3.49 所示。

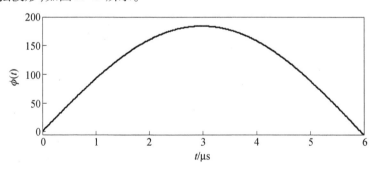

图 3.49　NLFM 信号零中频相位曲线图

10. SFM 信号零中频相位曲线特征

由式(3-21)可知,SFM 信号的零中频相位为

$$\varphi_{\text{sfm}}(t) = \int b\sin(\omega_m t)\,\mathrm{d}t = \frac{-b}{\omega_m}\cos(\omega_m t) + \theta_0 \qquad (3-119)$$

也即其零中频相位是一个余弦波信号,如图 3.50 所示。

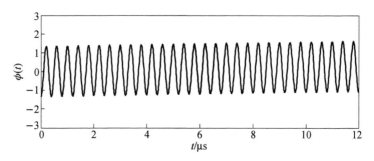

图 3.50　SFM 信号零中频相位曲线图

11. FD 信号零中频相位曲线特征

由式(3 - 22)可知,FD 信号有两个频点。在工程实践中,基于时频分析的载频估计可由瞬时频率的均值得到,当 $\sqrt{s_1}$ 和 $\sqrt{s_2}$ 取值不同时,其零中频相位有不同的表现形式。

(1) 当 $\sqrt{s_1} = \sqrt{s_2}$ 时,假定下变频量为 $\dfrac{\omega_{c1} + \omega_{c2}}{2}$,则下变频 FD 信号为

$$s_{\mathrm{fd}}(t) = \sqrt{s_1} \exp\left(\mathrm{j}\left(\frac{\omega_{c1} - \omega_{c2}}{2}t + \theta_1\right)\right) + \sqrt{s_1} \exp\left(\mathrm{j}\left(\frac{\omega_{c2} - \omega_{c1}}{2}t + \theta_2\right)\right)$$

$$= 2\sqrt{s_1} \cos\left(\frac{2(\omega_{c1} - \omega_{c2})t + \theta_1 - \theta_2}{2}\right) \exp\left(\mathrm{j}\frac{\theta_1 + \theta_2}{2}\right) \quad (3 - 120)$$

由式(3 - 120)可知,$\exp\left(\mathrm{j}\dfrac{\theta_1 + \theta_2}{2}\right)$ 的相位固定,但 $\cos\left(\dfrac{2(\omega_{c1} - \omega_{c2})t + \theta_1 - \theta_2}{2}\right)$ 以 $\omega_{c1} - \omega_{c2}$ 为周期按照正值、0、负值循环变换,则信号相位以 $\omega_{c1} - \omega_{c2}$ 为周期按照 $\dfrac{\theta_1 + \theta_2}{2}$、0、$-\dfrac{\theta_1 + \theta_2}{2}$ 方式循环变化。

(2) 当 $\sqrt{s_1} \neq \sqrt{s_2}$ 时,假定 $\sqrt{s_1} > \sqrt{s_2}$,则瞬时频率主要提取 ω_{c1} 分量,其下变频量为 ω_{c1},下变频 FD 信号为

$$s_{\mathrm{fd}}(t) = \sqrt{s_1} \exp(\mathrm{j}\theta_1) + \sqrt{s_2} \exp(\mathrm{j}((\omega_{c2} - \omega_{c1})t + \theta_2))$$

$$(3 - 121)$$

由于$\sqrt{s_1}\exp(\mathrm{j}\theta_1)$为常量,则 FD 信号的零中频相位以 $\omega_{c1}-\omega_{c2}$ 为周期进行变化。图 3.51、图 3.52 为 FD 信号在两种频率分量比例下的零中频相位曲线形状。

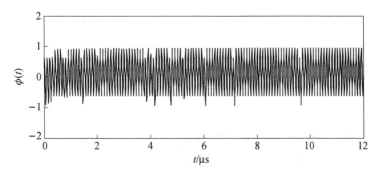

图 3.51　FD 信号零中频相位曲线图(1:1)

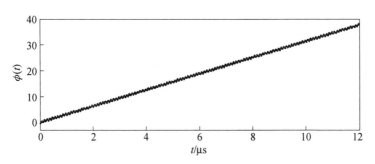

图 3.52　FD 信号零中频相位曲线图(3:2)

3.7　典型信号频谱冲激响应特征

这一部分主要介绍信号的频谱特征。频谱特征分析在信号识别中具有重要的作用,如 CW、FSK、FH、CPFSK、FD、SFM 等信号频谱具有冲激响应特征,而 LFM、NLFM 等信号具有与矩形特征相似的较为连续的频谱特征,这些特征都可以作为调制类型初步分类的依据。

在信号处理工程实际中,所有的信号处理都是在有噪声条件下的,频谱的冲激响应特征在较低的信噪比条件下,也比较容易识别,因此本章重点分析该信号频谱是否具有冲激响应特征。

由式(3-2)~式(3-21)可知,ASK、PSK、FSK、FH、CPFSK、QAM、LFM、NLFM、FD、SFM 等信号的差别在于相应的基带信号或调制信号 $p_{ask}(t)$、$p_{psk}(t)$、$p_{fsk}(t)$、$p_{fh}(t)$、$p_{cpfsk}(t)$、$p_{qam}(t)$、$p_{lfm}(t)$、$p_{nlfm}(t)$、$p_{sfm}(t)$,因此信号的频谱特征和零中频相位也主要取决于其基带信号和调制信号。

1. CW 信号

由式(3-1)可知,CW 信号基带信号无相位调制,其零中频相位为常量,则根据傅里叶变换可知,时域为常数的信号,其频谱为冲激响应,也即在载频处存在一个冲激响应特征,如图 3.53 所示。

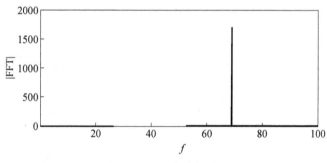

图 3.53 CW 信号频谱图

2. ASK 信号

由式(3-3)可知,ASK 基带信号为 $b_n g(t-nT_s)$($b_n = 0,1,\cdots,M-1$),由于调制幅度为等概率分布,即 $p(b_n) = 1/M$,因此 ASK 基带信号的均值为

$$m_{ask}(t) = \frac{1}{M}\sum_n (b_1 + \cdots + b_M) = \frac{(M-1)}{2M} \quad (3-122)$$

也即 ASK 的基带信号存在直流分量,当信号频谱搬移到中频后,在载频处存在一个冲激响应特征,如图 3.54 所示。

3. PSK 信号

由式(3-6)可知,PSK 基带信号为 $g(t-nT_s)\exp(j\varphi_n)$,且 $\varphi_n =$

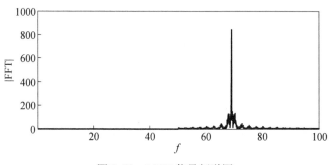

图 3.54　2ASK 信号频谱图

$\left(0, \dfrac{2\pi}{M}, \cdots, \dfrac{M-1}{M}2\pi\right)$，由于调制相位为等概率分布，即 $p(\varphi_n) = 1/M$，因此 PSK 基带信号的均值为

$$m_{\mathrm{psk}} = \frac{1}{M}(\mathrm{e}^{\mathrm{j}\varphi_1} + \cdots + \mathrm{e}^{\mathrm{j}\varphi_M}) = 0 \qquad (3-123)$$

也即 PSK 基带信号的频谱无直流分量，在经过频谱搬移到中频后，信号频谱不存在冲激响应特征，如图 3.55 所示。

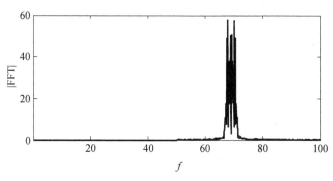

图 3.55　BPSK 信号频谱图

4. FSK 信号

由式(3-8)可知，FSK 信号还可表示为

$$s_{\mathrm{fsk}}(t) = \sqrt{s}\sum_n g(t - nT_s)\exp(\mathrm{j}\omega_n t + \mathrm{j}\theta_0), \omega_n \in \{\omega_1, \omega_2, \cdots, \omega_M\}$$

$$(3-124)$$

75

信号具有 M 个载频分量,可表示为各个分量的叠加:

$$s_{\text{fsk}}(t) = s_{\text{fsk}1}(t) + \cdots + s_{\text{fsk}M}(t) \qquad (3-125)$$

且各频率信号呈现等概分布,即 $p(s_{\text{fsk}1}) = p(s_{\text{fsk}2}) = \cdots = p(s_{\text{fsk}M})$ $= 1/M$,并且其中一个基带信号均值为(N 个符号)$s_{\text{fsk}n}(t) = \dfrac{\sqrt{s}}{MN}\sum\limits_{n=1}^{N} g(t - nT_s)$。

每个分量滤除载频分量后的信号均值为

$$m_{\text{fsk}n} = \lim_{N\to\infty} \frac{\sqrt{s}}{MN}\sum_{n=1}^{N} g(t - nT_s) = \frac{\sqrt{s}}{M} \qquad (3-126)$$

由此可见,非连续相位 FSK 信号的频谱在每个载频处都有冲激响应特征,如图 3.56 所示。

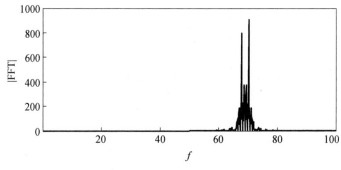

图 3.56　2FSK 信号频谱图

5. CPFSK 信号

1)以 ω_c 下变频的基带信号

由式(3-10)可知,CPFSK 基带信号为 $\exp\left(\text{j}2\omega_d hT_s \displaystyle\int_{-\infty}^{t} v(\tau)\,\mathrm{d}\tau\right)$,$N$ 个基带信号的积分为

$$N \cdot m_{\text{cpfsk}} = \exp\left(\text{j}2\omega_d hT_s \int_{-\infty}^{T} v(\tau)\,\mathrm{d}\tau\right) + \cdots +$$

$$\exp\left(\text{j}2\omega_d hT_s \int_{nT}^{t} v(\tau)\,\mathrm{d}\tau\right) = \exp\left(\text{j}2\omega_d hT_s \int_{-\infty}^{t} v(\tau)\,\mathrm{d}\tau\right) \quad (3-127)$$

则 CPFSK 基带信号的均值为

$$m_{\text{cpfsk}} = \lim_{N \to \infty}(\exp(\text{j}2\omega_d h T_s \int_{-\infty}^{t} v(\tau)\text{d}\tau)/N) = 0 \quad (3-128)$$

也即 CPFSK 信号在 ω_c 处无冲激响应特征。

2）以 $\omega_c + \omega_d b_n h$ 下变频的基带信号,且 $h \neq 1$

由于 CPFSK 信号在每个符号内部其具有固定的瞬时频率,且共有 M 个瞬时频率,每个瞬时频率为 $\omega_c + \omega_d b_n h$($b_n \in \{\pm 1, \pm 3, \cdots, \pm(M -1)\}$),以其中一个载频下变频后,$N$ 个基带信号的积分为

$$s_{\text{cpfskn}}(t) = \frac{\sqrt{s}}{M} \sum_n \left[g(t - nT_s)\exp(\text{j}n\omega_d b_n h T_s) \right] \quad (3-129)$$

由于 $h \neq 1$,则 $\omega_d b_n h T_s \neq 2\pi$,令 $\phi = \omega_d b_n h T_s$,则 N 个符号内零中频信号均值为

$$m_{\text{cpfsk}} = \lim_{N \to \infty} \frac{\sqrt{s}}{MN} \sum_n \left[g(t - nT_s)\exp(\text{j}n\phi) \right] = 0 \quad (3-130)$$

也即该基带信号无直流分量,其信号频谱也无冲激响应特征。

3）以 $\omega_c + \omega_d b_n h$ 下变频的基带信号,且 $h = 1$

当 $h = 1$ 时,$\varphi = \omega_d b_n h T_s = 2k\pi, k \in \mathbf{Z}$,由式(3-130)可得

$$m_{\text{cpfsk}} = \lim_{N \to \infty} \frac{\sqrt{s}}{MN} \sum_n \left[g(t - nT_s)\exp(\text{j}n\phi) \right] = \frac{\sqrt{s}}{M} \quad (3-131)$$

也即该基带信号有直流分量,其信号频谱也包含冲激响应特征。

图 3.57 为不同调制指数 h 条件下,CPFSK 信号频谱图。

6. FH 信号

FH 信号与 FSK 信号相类似,其在每个频率值处都存在冲激响应特征,如图 3.58 所示。

7. QAM 信号

由式(3-15)可知,QAM 基带信号为 $(a_n + \text{j}b_n)g(t - nT)$,由于其幅相特征为等概率分布,即 $p(a_n + \text{j}b_n) = \frac{1}{M}$,因此 QAM 基带信号的均值为

$$m_{\text{qam}} = \frac{1}{M}((a_1 + \text{j}b_1) + \cdots + (a_M + \text{j}b_M)) = 0 \quad (3-132)$$

也即 QAM 基带信号的频谱无直流分量,经过频谱搬移到中频后,信号频谱不存在冲激响应特征,如图 3.59 所示。

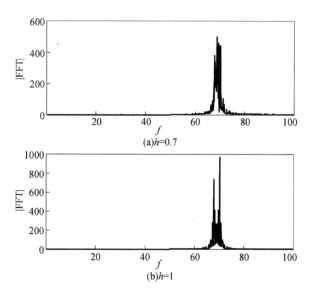

(a)h=0.7

(b)h=1

图3.57 CPFSK 信号频谱图

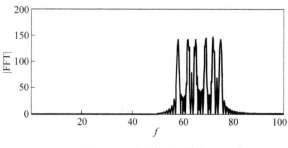

图3.58 FH 信号频谱图

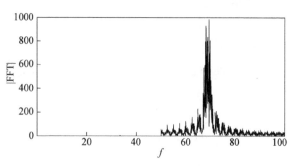

图3.59 16QAM 信号频谱图

8. LFM 信号

由线性调频信号数学表达式(3 – 16)、式(3 – 17)可知，LFM 信号在理论上没有固定载频，每个频率点只出现一次，不存在相位累加与抵消效应，因此在每个频率点处都会出现一个谱峰，但由于 LFM 信号瞬时频率是连续变化的，因此这些连续的谱峰构成了一个"马鞍"形状，如图 3.60 所示。

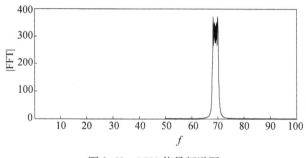

图 3.60　LFM 信号频谱图

9. NLFM 信号

由非线性调频信号数学表达式(3 – 18)、式(3 – 19)可知，NLFM 信号与 LFM 信号在谱峰特性上相类似，只是由于其瞬时频率变化的速率为非线性的，因此其频谱的"马鞍"效应更为明显，如图 3.61 所示。

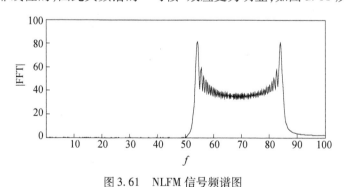

图 3.61　NLFM 信号频谱图

10. SFM 信号

SFM 信号数学表达式为

$$s_{\text{sfm}}(t) = \sqrt{s}\, p_{\text{sfm}}(t) \exp(j(\omega_c t + \theta_0)) \tag{3 - 133}$$

$$p_{\text{sfm}}(t) = \exp\left(j2\pi \int b\sin(\omega_m t)\,\mathrm{d}t\right) \tag{3 - 134}$$

式中:b 为正弦波调频的幅度;ω_m 为调频周期。

由图 3.62 可知,SFM 信号频谱为梳状谱,各谱线以载频 f_c 为中心对称分布,相邻间隔为 $\omega_m/2\pi$。假定 SFM 的梳状谱位置为 $f_c \pm k\omega_m/2\pi$,由式(3 -47)可知:

$$k_{\max}\omega_m/2\pi \leqslant b \tag{3 - 135}$$

由式(3 -135)可知,梳状谱数量 $2k_{\max}+1$ 取决于 $2\pi b/\omega_m$。

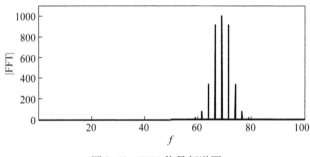

图 3.62　SFM 信号频谱图

11. FD 信号

由式(3 -22)可知,FD 信号是一个有两个正弦波组成的信号,根据傅里叶变换的基本性质,其频谱也是由两个单载频谱线组成,如图 3.63所示。

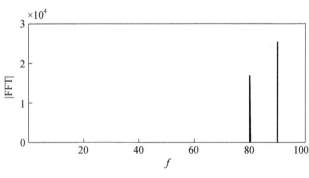

图 3.63　FD 信号频谱图

3.8 典型信号短时频谱曲线特征

1. ASK 信号

由式(3-120)可知,在信号存续期间,ASK 信号的瞬时频率始终为 ω_c,也即其频谱没有任何变化,任何时刻短时频谱特征不会有变化,因此其频率特征也没有任何变化。

在图 3.64 中,一条曲线代表着一个时刻。从图中可以看出,虽然曲线的幅度有变化,但是每一条曲线的极大值点没有变化,而幅度值的变化是因为该时刻信号值处在符号变化过程中。

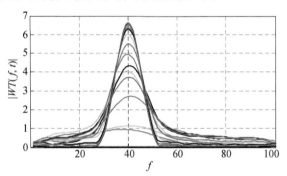

图 3.64 2ASK 信号短时频谱特征图

2. PSK 信号

由式(3-30)、式(3-32)可知,PSK 信号短时频谱存在极大值和极小值。

从图 3.65 可以看出,BPSK 信号短时频谱特征曲线有两种形状,分别在同一个频率点出现极大值或者极小值,对应的相位调变量分别为 0 和 π,这可由式(3-30)、式(3-32)计算得到。

3. CPFSK 信号

由式(3-35)可知,CPFSK 信号的瞬时频率只有两个值。

由图 3.66 可以看出,CPFSK 信号的短时频率主要分成了两类。

4. FSK 信号和 FH 信号

由式(3-39)、式(3-41)可知,当 FSK 信号调制指数 $h \neq k, k \in \mathbf{Z}$

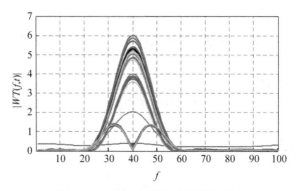

图 3.65　BPSK 信号短时频谱特征图

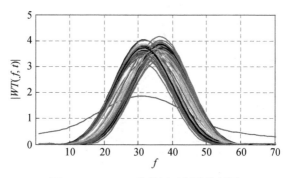

图 3.66　CPFSK 信号短时频谱特征图

时,其存在相位跳变,相应的短时频谱兼有 CPFSK 信号特征和 PSK 信号特征。

　　由图 3.67 可知,当 FSK 信号的相位不连续时,其短时频谱特征既反映出 CPFSK 信号的聚类特征,也反映出 PSK 信号的相位跳变特征。

　　图 3.68 为 FH 信号的短时频谱特征,从图中可以看出,该信号跳变频率集具有 6 个频点,其中个别曲线的畸变也反映出不同频点之间的相位不连续性。

　　5. QAM 信号时频脊线特征

　　由式(3 – 44)可知,QAM 信号短时频谱具有 PSK 信号特征。

　　一方面,由图 3.69 可以看出,16QAM 信号的瞬时频谱存在大量的极小值,这是由于相位跳变所致,并且相位跳变值不单一;另一方面短时频

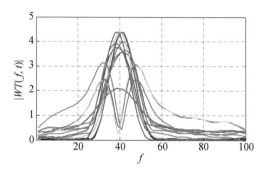

图 3.67　2FSK 信号短时频谱特征图($h=0.5$)

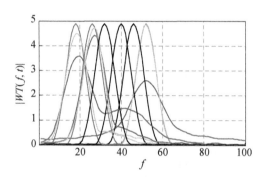

图 3.68　FH 信号短时频谱特征图

谱的最大值分量也是不单一,这与 16QAM 信号幅度不单一相统一。

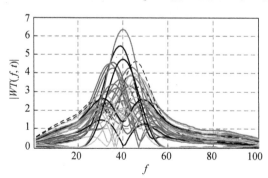

图 3.69　16QAM 信号短时频谱特征图

6. LFM 信号时频脊线特征

由式(3 - 45)、图 3.70 可知,LFM 信号短时频谱特征是连续变化的。

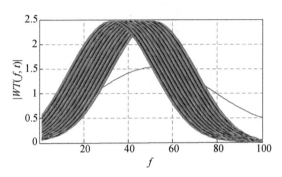

图 3.70　LFM 信号短时频谱特征图

7. NLFM 信号时频脊线特征

由式(3 - 46)、图 3.71 可知,NLFM 信号短时频谱特征是连续变化的。

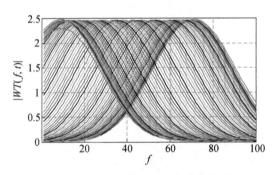

图 3.71　NLFM 信号短时频谱特征图

8. 正弦波调频信号

由式(3 -47)、图 3.72 可知,SFM 信号短时频谱特征是连续变化的。

9. 频率分集信号

图 3.73 为 FD 信号的短时频谱特征分布图,从图中可以看出每一条曲线具有两个峰值,这与 FD 信号同时存在两个信号相统一,相应的

谱峰值之比与分集信号分量的大小之比相统一。

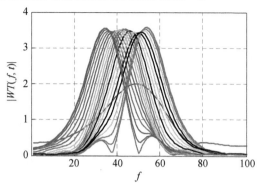

图 3.72　SF 信号短时频谱特征图

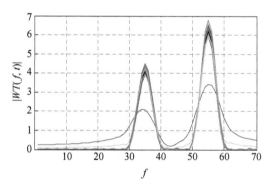

图 3.73　FD 信号短时频谱特征图

3.9　本 章 小 结

本章主要根据盲信号处理需求,介绍了典型盲信号(包括 CW、ASK、PSK、FSK、CPFSK、FH、QAM、LFM、NLFM、SFM、FD 共 11 种)及其形式,在此基础上,分别从理论推导、信号仿真角度,相互验证了这 11 种典型信号的时频脊线特征、载频时频脊线特征、时频脊系数曲线特征、零中频相位曲线特征、频谱冲激响应曲线特征、短时频谱曲线特征等特征形态。

研究结果表明,这些典型信号的特征曲线具有如下特征:

(1)对于时频脊线,CPFSK 和相位连续的 FSK、FH 信号有明显的阶跃特征,PSK、QAM 有明显的双向冲激响应特征,相位不连续的 FSK、FH 信号同时具有阶跃特征和双向冲激响应特征,LFM、NLFM 信号体现出线性或非线性变化特征,SFM 信号体现出正弦波特征,CW、FD 信号为恒定值。

(2)对于载频时频脊线,ASK、CPFSK,以及相位连续的 FSK、FH 信号有明显的阶跃特征,PSK 信号具有冲激响应特征,QAM 信号以及相位不连续的 FSK、FH 信号同时具有阶跃特征和冲激响应特征,LFM、NLFM、SFM 信号体现出线性和非线性变化特征,CW、FD 信号为恒定值。

(3)对于时频脊系数曲线,ASK 信号有明显的阶跃特征,PSK 信号以及相位不连续的 FSK、FH 信号有明显的突变特征,QAM 信号具有阶跃特征和冲激响应特征,CW、CPFSK、LFM、NLFM、SFM、FD 信号为恒定值。

(4)对于频谱冲激响应曲线,CW、ASK、FSK、FH、SFM、FD 信号具有明显的冲激响应特征。

总之,各典型信号的时频特征曲线共有 8 种形态:阶跃形态、冲激响应形态、双向冲激响应形态、阶跃和冲激响应复合形态、线性变化形态、非线性变化形态、正弦波形态、恒定值形态。这 8 种曲线形态为后续的调制参数估计、符号同步、调制识别、符号识别等信号处理奠定了理论基础。

第4章

基于时频特征的调制参数估计

4.1 引　言

通信盲信号处理中的调制类型识别、符号同步、盲解调等处理都需要符号率信息；雷达盲信号处理中，作为重要的脉内细微特征，调制周期（符号率倒数）可作为信号分选和目标识别的依据。符号率估计是盲信号处理的一个重要内容。

另外，信号载频是信号处理的一个重要参数，无论是常规的合作信号处理，还是非合作信号处理中的特征参数提取等，一般都需要载频信息。

根据3.9节中总结可知，信号的时频曲线具有各种各样的形态，这些曲线形态隐藏着信号的调制信息，通过对特定形态特征曲线的处理，可以获取信号的载频、符号率等调制参数。

本章重点研究了数字信号的符号率特征提取方法。当数字信号在符号发生改变时，其调制参数（包括相位、频率、幅度）会发生跳变，这种调制参数的跳变会引发时频特征曲线形态的改变。因此，本章主要依据特征曲线跳变与数字信号调制参数跳变之间的对应关系，通过对时频特征曲线跳变的检测，来完成调制参数的估计。

4.2　基于时频特征曲线的载频估计

1. 算法原理

由3.7节可知，PSK 和 QAM 等单频信号的频谱并无冲激响应，直接从频谱中难以获取载频信息。而由3.3节可知，PSK 和 QAM 信号的时频脊线呈双向冲激响应形态，如图3.14、图3.17所示。而由 PSK 和

QAM 信号的星座图可知,这两类信号的星座图为等概分布,相应的双向冲激响应大小与方向也应是等概分布,因此如果利用其脊线的均值,即可估计出信号载频。

利用 morlet 小波变换估计信号载频,首先需要确定时频变换的频率范围和变换维数。频率范围取决于频谱分布范围,需要对信号频谱宽度进行初估计;时频变换维数影响着载频估计精度,需要根据载频估计精度需求而定。

当信噪比较低或者信号频谱宽度较宽且要求的载频精度又高时,可以采用两次估计方法。第一次可以进行放宽时频变换范围,采用适当的时频变换频率维数;然后利用第一次载频估计结果,缩小时频变换频率范围,提高时频变换分辨率。通过两次估计,可以在兼顾较低信噪比和载频估计精度基础上,降低运算的复杂度。

2. 算法仿真

仿真条件:信号调制样式为 8PSK 信号,信号采样率为 10MHz,载频为 4MHz,符号率为 0.4MHz,信号长度为 125 个符号周期,E_s/n_0 为 0 ~ 15dB,仿真次数为 500 次。假定通过事先的载频初估计,设定的载频搜索带宽为 0.8MHz。对于 morlet 小波变换,设置了 80 维变换尺度因子,平均每个尺度因子对应的"频点"之间距离为 0.01MHz。在第一次粗估计之后,第二次估计还是采用 80 维小波变换,得到的仿真结果如图 4.1 所示。

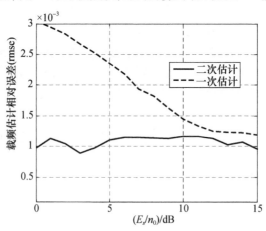

图 4.1　基于小波变换的一次估计和二次估计载频性能图

由图 4.1 可以看出,经过二次估计后,低信噪比条件下载频估计性能得到了较大的提升,约为 4kHz,并且其运算复杂度和第一次估计时几乎相当。

这种方法对于短促的雷达信号,具有较好的工程应用价值。

4.3 基于时频特征的符号率估计和符号同步

4.3.1 不同曲线形状的符号率估计

1. 基于特征曲线的调制参数跳变检测

由时频特征曲线可知,数字信号调制参数的周期性变化能有效地转化成时频特征曲线的周期性变化:数字信号 $s(t)$ 经过时频变换后,其某种特征曲线 $f_{wt}(s(t))$ 是一个以 T_s 周期性变化的曲线 $f_{T_s}(t)$,即

$$f_{wt}(s(t)) = f_{T_s}(t) \tag{4-1}$$

根据 3.9 节中的归纳,可知数字信号的时频特征曲线可分为三类变化特征(为便于分析,本书将信号假定为二进制调制,同时对高进制也同样适用)。

1)矩形脉冲形式

经过时频变换后,提取的特征曲线 $f_{T_s}(t)$ 能够反映出调制参数的变化规律,即在单个符号内,其特征曲线的幅度值或者幅度的变化特征与符号值具有对应关系,如图 4.2(a)所示。

$$f_{T_s}(t) = \sum_{n=-\infty}^{\infty} a_n \mathrm{rect}(t - nT_s) \tag{4-2}$$

其中

$$\mathrm{rect}(t) = \begin{cases} 1, 0 < t < T_s \\ 0, 其他 \end{cases} \tag{4-3}$$

$$P(a_n = 1) = P(a_n = 0) = 0.5 \tag{4-4}$$

这一类曲线形式以 ASK 信号的载频时频曲线等为代表。

2)δ 函数形式

另一种情况是,经过时频变换后,提取到的特征曲线能够反映调制

参数的变化特征,在符号变化点处存在一个"峰"值(δ函数形式)。其"峰"值的出现与调制参数的变化有关,如图4.2(b)所示,其表达式为

$$f_{T_s}(t) = \sum_{n=-\infty}^{\infty} b_n \delta(t - nT_s) \qquad (4-5)$$

这一类曲线形式以 PSK 信号的载频时频曲线等为代表。

3) 矩形脉冲与 δ 函数组合形式

除了矩形脉冲形式和 δ 函数形式外,还有一类曲线为矩形函数和 δ 函数的组合形式,如图4.2(c)所示,其表达式为

$$f_{T_s}(t) = \sum_{n=-\infty}^{\infty} a_n \mathrm{rect}(t - nT_s) + \sum_{n=-\infty}^{\infty} b_n \delta(t - nT_s) \qquad (4-6)$$

这一类曲线以 QAM 信号的载频时频曲线等为代表。

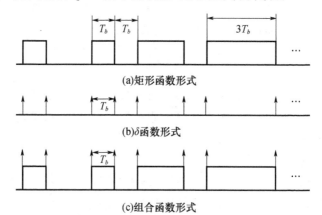

(a)矩形函数形式

(b)δ函数形式

(c)组合函数形式

图4.2 特征曲线 $f_{T_s}(t)$ 示意图

由于特征曲线的跳变特征与数字信号调制符号跳变之间具有对应关系,因此,可通过对数字信号特征曲线跳变检测和跳变周期的估计,进而完成数字信号符号率估计。

2. 数字信号的符号率估计方法

1) 特征曲线的选取

在将数字信号的调制参数变化特征转化成特征曲线的幅度变化之后,可通过 FFT 最大频谱的检测或者幅度跳变周期的检测,完成符号率的估计。

针对特征曲线进行 FFT 后,通过对最大谱线的检测,可快速确定特征曲线频率特征。

图 4.3 所示为某一个随机二进制符号序列条件下三种特征曲线的 |FFT| 示意图,其中采样周期为 1,符号周期为 8,1024 个采样数据。从图 4.3(a)可以看出,矩形函数特征曲线的 |FFT| 在符号率频谱及其谐波位置处都有一个零点,而从图 4.3(b)、(c)可以看出,δ 函数特征曲线和组合函数特征曲线的 |FFT| 在符号率频谱及其谐波位置处都有一条明显的谱线。

如果针对特征曲线利用频谱来估计符号率,在有噪声的条件下,图 4.3(a)的零点以及图 4.3(c)的谱线都会"淹没"在噪声之中,无法通过 |FFT| 来提取符号率。而图 4.3(b)的频谱具有很强的抗噪性能,有利于符号率的估计。

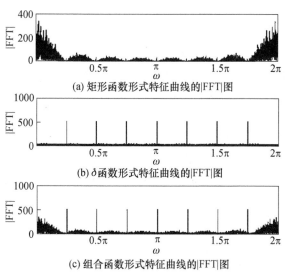

图 4.3　无噪声的三种特征曲线的 |FFT| 示意图

2)特征曲线的预处理

为使得符号率估计具有高的性能,需要将矩形函数曲线和组合函数曲线进行预处理,转变成 δ 函数形式。将矩形函数转变为 δ 函数形式的方法有很多种,这里主要介绍两种:一种是利用 haar 小波预处理法;另一种是利用局部方差预处理法。

（1）haar 小波预处理法。haar 小波具有良好的边缘检测效果,能够有效地将图 4.2(a)中的矩形上升沿和下降沿转变成图 4.2(b)中的 δ 函数形式。

（2）局部方差预处理法。可以根据实际情况,设定求方差的局部支撑域长度。在进行局部方差计算后,矩形的上升沿和下降沿处方差值最大,而如果局部支撑域不包括上升沿或者下降沿时,理论上其局部方差为 0。因此,矩形函数的局部方差曲线与利用 haar 小波变换方法得到的曲线类似。

3）自相关处理

根据数字信号的调制规律,其调制参数的变化有几个特点:一是调制参数的变化并不完全是周期性的,符号的跳变概率为 $(M-1)/M$,M 为信号进制;二是每个调制参数变化幅度不一致,尤其是当 M 较高时,部分符号"跳变"较小,较小的"跳变"容易淹没在噪声中,也使得特征曲线的周期性变差,给符号率的估计造成影响(图 4.5(c))。

为使得算法具有更好的抗噪性能,并去除特征曲线上幅度"跳变"非周期性对符号率估计的影响,可利用循环自相关方法对特征曲线进行处理。

4）FFT 计算

ASK、PSK、CPFSK、QAM 等数字信号的特征曲线经过预处理(局部方差法或者 haar 小波变换法)、自相关以后,特征曲线形成一个具有周期性的且近似 δ 函数形式曲线,该曲线可近似表示为

$$R_{f_{T_s}}(l) = \sum_i C_i \delta(t - iT_s) \qquad (4-7)$$

由傅里叶变换理论可知,$R_{f_{T_s}}(l)$ 的傅里叶变换为

$$R(\omega) = \frac{2\pi}{T_s} \sum_k C_k \delta\left(\omega - \frac{2\pi k}{T_s}\right), k \in \mathbf{Z} \qquad (4-8)$$

针对 FFT 频谱,可以直接提取第一个尖峰所在的位置,并运用三点插值算法便可以精确地估计出数字调制信号的符号率。

4.3.2 数字信号符号同步及符号率修正

在进行信号的解调中,无论哪一种调制类型信号或者哪一种解调

方法,符号同步(时钟同步)都是必要的环节。

由符号率估计原理可知,在进行符号率估计之前,需要将图 3.14~图 3.17、图 3.23、图 3.25、图 3.27、图 3.28、图 3.30、图 3.34~图 3.36 所示的特征曲线进行预处理,得到具有 δ 函数形式的曲线,这种曲线不仅有利于符号率估计,同样也有利于符号同步。

假定根据估计出的符号时间间隔 T_b,采样时间间隔 T_s 为已知,且 T_b、T_s 之间满足 $T_b = mT_s$,其中 m 不一定为整数,则进行符号同步时,可按照下式计算:

$$R(l) = \sum_{n=1}^{N} | WT(a,l + [nm]) | \quad l = 1,2,\cdots,[m] \quad (4-9)$$

式中:$a = \omega_\varphi/\omega_c$;$[\bullet]$ 为取整计算。

数据长度为 N 个符号,共获得 $[m]$ 个累加值 $R(l)$ 并提取极值,$R(l_m)$ 极值所对应的 l_m 即为符号位。具体求极大值还是极小值要视特征曲线而定,如果特征曲线的 δ 值为"正"的则求极大值,如果 δ 值为"负"的则求极小值。通过这种方法可估计出符号同步信息。

假定在一个符号周期内有约 10 个采样点,则可通过一段 $M = nm$ 段数据得到一个同步点,假定在每个 M 点内,假定符号率估计相对误差 r,则由符号率(符号周期)估计误差造成的同步累积误差为 $M \cdot r$,可以根据符号率估计误差的先验信息控制数据长度 M,使得 $M \cdot r \ll 10$(如 $M \cdot r = 2$),这样通过 M 个数据点计算得到的符号周期数为 $N_s = [M/T_b]$,不会存在符号个数计算误差。可通过多个数据段进行符号计数,如图 4.4 所示,如果通过 L 个数据段($M_1,M_2,\cdots,M_L$)得到的符号周期数为 $N_{s1},N_{s2},\cdots,N_{sL}$,则可进一步计算其符号周期为

$$T_b = (\sum_{i=1}^{L} M_i)/(\sum_{i=1}^{L} N_{si}) \quad (4-10)$$

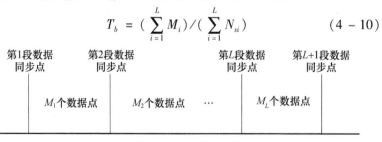

图 4.4　利用多个同步点修正符号率示意图

93

这样可以得到更精确的符号率信息(符号周期的倒数),利用该结果进行符号同步时,同步也更精确。也即多个同步点方法可进一步提高信号的符号率估计精度和同步精度。

4.4 相位调制信号符号率估计

4.4.1 符号率估计算法

1. 算法步骤

根据符号率估计原理,PSK 信号的符号率估计可分别采用时频脊线和载频时频曲线进行。这两类特征曲线都具有 δ 函数的特征。下面以 QPSK 信号载频时频曲线为例,介绍一下 PSK 信号符号率估计过程,如图 4.5 所示。

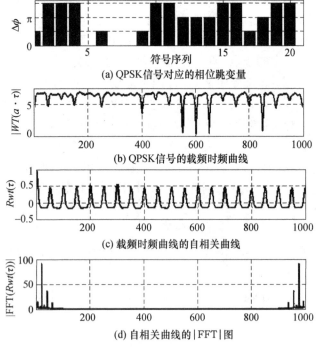

(a) QPSK信号对应的相位跳变量

(b) QPSK信号的载频时频曲线

(c) 载频时频曲线的自相关曲线

(d) 自相关曲线的|FFT|图

图 4.5　QPSK 信号|CWT|系数及自相关曲线图

图 4.5 中,图 4.5(a)表征 QPSK 信号的相位跳变 $\Delta\varphi$;图 4.5(b)表征信号的载频时频曲线 $|WT_{PSK}(a,\tau)|$(E_s/n_0 为 15dB);图 4.5(c)为 $|WT_{PSK}(a,\tau)|$ 的自相关曲线 $R_{WT}(a,l)$;图 4.5(d)为 $R_{WT}(a,l)$ 的 FFT 结果。

对比图 4.5(a)、(b)可知,PSK 信号相位跳变与 $|WT_{PSK}(a,\tau)|$ 跳变是一一对应的。对比图 4.5(b)、(c)可知,$R_{WT}(a,l)$ 比 $|WT_{PSK}(a,\tau)|$ 具有更好的抗噪性能和更完整的周期性。通过对图 4.5(d)中最大谱线位置的检测,即可完成符号率估计。

同样,利用时频脊线及以上方法也可进行符号率估计,具体过程不再赘述。通过设置相同仿真条件,分别利用载频时频曲线和时频脊线进行符号率估计性能仿真,仿真结果表明,载频时频曲线具有更好的估计性能。因此,PSK 符号率估计的算法步骤如下:

(1)载频时频曲线提取;

(2)循环自相关处理;

(3)FFT 处理。

2. 尺度因子选择区间范围

由 PSK 信号的载频时频曲线可知:当积分时间窗口内无相位跳变时,时频系数 $|WT(a,\tau)|$ 达到最大。当在相位跳变点处,$a = \omega_\varphi/\omega_c$ 且 $\Delta\varphi = \pi$ 时,$|WT(a,NT_s)|$ 最小,此时 BPSK 信号的 $D(D = \max(|WT(a,\tau)|) - \min(|WT(a,\tau)|))$ 将达到最大,有利于符号率估计。当调制进制 M 较大时也是成立的。

当尺度因子偏离 $a_c = \omega_\varphi/\omega_c$ 时,算法性能将会下降,甚至会失效。因此,算法可容忍的尺度因子偏离范围也是一个重要问题。

由式(2-22)可知,基于 morlet 小波变换的时频脊线满足:

$$a_r(\tau) = \frac{\omega_\varphi}{\omega(\tau)} \qquad (4-11)$$

式中:$\omega(\tau)$ 为信号的瞬时频率,由式(3-34)可得

$$\omega_c - \omega_{a,m} \leq \omega_\varphi/a_r \leq \omega_c + \omega_{a,m} \qquad (4-12)$$

$$\omega_\varphi/(\omega_c + \omega_{a,m}) \leq a_r \leq \omega_\varphi/(\omega_c - \omega_{a,m}) \qquad (4-13)$$

其中

$$\omega_{a,m} = \omega_m/a_r = 2\pi/(aT_m) \qquad (4-14)$$

由式(4-13)、式(4-14),可得

$$(\omega_\varphi - \omega_m)/\omega_c \leqslant a_r \leqslant (\omega_\varphi + \omega_m)/\omega_c \qquad (4-15)$$

由式(3-34)以及 PSK 信号相位跳变规律,其瞬时频率均值等于信号载频 ω_c,因此其时频脊线均值为 $a_c = \omega_\varphi/\omega_c$,则利用 a_c 归一化的时频脊线 $a_{r0}(\tau)$ 为

$$1 - \omega_m/\omega_\varphi \leqslant a_{r0} \leqslant 1 + \omega_m/\omega_\varphi \qquad (4-16)$$

这意味着只要 a_{r0} 满足式(4-16),时频变换就能够检测到相位的跳变。归一化尺度因子的区间宽度为 $2\omega_m/\omega_\varphi$,由于 ω_m 为定值,因此 a_{r0} 的范围仅取决于 ω_φ。

从工程应用角度来说,a_{r0} 可容忍的范围对应为 ω_c 可容忍的相对估计误差范围。在某些工程应用条件下,虽然无法精确获得信号的载频信息,但知道其分布范围,这样可通过调整时频函数的中心频率 ω_φ 以适应频率分布范围,从而确保符号率估计的有效性。

3. 多普勒扩散效应对符号率估计影响分析

高动态环境下,接收到的信号不仅存在多普勒频移,而且多普勒频移是时变的,在较短时间内,其载频可近似为线性调频的。如果利用单一尺度因子对具有"多普勒扩散"效应的 BPSK 信号进行时频变换,则会得到图 4.6 所示的效果。

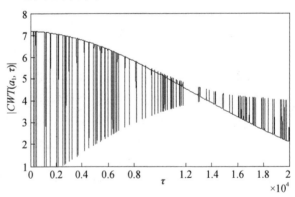

图 4.6 具有多普勒扩散效应 BPSK 信号的 $|WT(a,\tau)|$

由 PSK 信号瞬时频率可知,当无相位跳变时,信号瞬时频率为 ω_c;当有相位跳变时,跳变点的瞬时频率为 $\omega_{max} \approx \omega_c \pm \omega_{a,m}$。在开始段,如

果固定尺度条件下的时频频率与 ω_c 相近,此时时频系数满足 $|WT(a,\tau)| \geq |WT(a,NT_s,\Delta\varphi \neq 0)|$;随着频率的多普勒扩散,$\omega_c$ 将会发生变化,当载频偏移到 $\omega_c + \omega_{a,m}$ 或者 $\omega_c - \omega_{a,m}$ 时,时频系数将满足 $|WT(a,\tau)| \leq |WT(a,NT_s,\Delta\varphi \neq 0)|$,时频系数的大小发生反转(图 4.6)。由图 4.6 可以得到以下结论:

(1)虽然时频系数在某些地方会发生反转,但时频系数曲线在每个相位跳变点(除了反转区域)仍然会发生幅度的跳变,可用于符号率的估计,算法仍然能够适用。

(2)时频曲线在反转区域附近,$D = \max(|WT(a,\tau)|) - \min(|WT(a,\tau)|) \approx 0$,抗噪性能差。因此,从总体上来看,其符号率估计性能会有下降。

(3)考虑到多普勒扩散效应,信号载频的分布范围会展宽,可根据多普勒扩散效应的实际情况以及式(4-16)合理地设置时频中心频率 ω_φ,在确保符号率稳定性前提下,提高算法的稳健性。

4. 多普勒扩散效应对符号同步影响分析

如图 4.6 可知,当多普勒频移不断变化时,在相位有跳变时,$|WT(a,\tau)|$ 也是有跳变的;在相位无跳变时,其 $|WT(a,\tau)|$ 是缓变的,通过提取 $|WT(a,\tau)|$ 曲线的局部方差,可得到一条方差曲线。该曲线"跳变"部分对应着相位的跳变点,利用该特性同样可以完成符号同步。

4.4.2 性能仿真及分析

1. 符号率估计性能仿真

性能仿真 1:信号调制类型分别为 2PSK、4PSK,采样率为 6MHz,载频为 1.5MHz,符号率为 0.6MHz,滚降系数为 1,数据长度为 1000 个符号,E_s/n_0 为 $-4 \sim 16$dB,$\omega_\varphi = 5$,仿真 1000000 次,仿真结果如图 4.7(a)所示。

从图 4.7(a)可以看出,该方法在估计 PSK 信号的符号率时具有较高的估计性能,均方根相对误差优于 10^{-4}。但是估计性能随着信噪比降低到 -1dB 时,其估计性能迅速下降,该现象在文献[30,141]中被称为"异常值效应(outliers effect)",这种"异常值效应"目前还难以解释且无法去除。在仿真过程中可以发现,随着仿真次数的增加,"异常值效应"会越来越平滑,但无法"消失"。本书在后面论述中,将其定义为"信噪比门限",在本仿真中,其信噪比门限为 $-1\mathrm{dB}$。

性能仿真 2:BPSK 信号,采样率为 6MHz,载频为 1.5MHz,符号率为 0.6MHz,滚降系数为 1,数据长度为 1000 个符号,E_s/n_0 为 5dB,ω_φ 分别为 5、8、11,仿真 1000000 次,仿真结果如图 4.7(b) 所示。

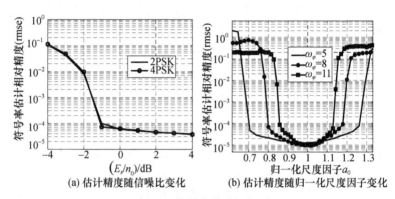

(a) 估计精度随信噪比变化　　　　(b) 估计精度随归一化尺度因子变化

图 4.7　符号率估计性能图

图 4.7(b) 的结果表明,当尺度因子越接近区间中心时,符号率估计精度也越高,这与 3.2 节的分析一致;并且 a_0 的有效区间宽度和时频 ω_φ 有关,ω_φ 越大则区间宽度越小,反之亦然。因此,在估计 PSK 信号符号率时,可灵活地调整 ω_φ 以适应可实现的载频估计精度。当 $\omega_\varphi = 5$ 时,可容忍的载频误差范围达 25%。

2. 滚降系数对符号率估计性能的影响

性能仿真 3:BPSK 信号,采样率为 6MHz,载频为 1.5MHz,符号率为 0.6MHz,滚降系数分别为 1、0.5、0.2,数据长度为 1000 个符号,E_s/n_0 为 $-4\sim8\mathrm{dB}$,$\omega_\varphi' = 5$。仿真次数为 1000000 次,仿真结果如图 4.8(a) 所示。

由图 4.8(a) 可以看出,当滚降系数 r 越小时,其符号率估计的性能越差。$r = 0.5$ 时的估计性能比 $r = 1$ 时的估计性能几乎降低了 $3\sim4\mathrm{dB}$。

其原因在于,时频变换估计 PSK 信号符号率时,是通过对相位跳变的检测进行符号率估计的,当信号滚降系数下降时,意味着相位"突变效益"被平滑,导致时频函数对该跳变的检测性能下降,进而使得符号率估计性能下降。

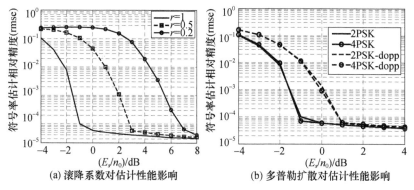

(a) 滚降系数对估计性能影响　　　　(b) 多普勒扩散对估计性能影响

图 4.8　滚降系数和多普勒扩散对 PSK 信号符号率估计性能影响

3. 高动态条件下符号率的估计性能

性能仿真 4:BPSK 和 QPSK 信号,采样率为 6MHz,起始载频为 1.5MHz,终止载频为 2.1MHz,符号率为 0.6MHz,数据长度为 1000 个符号,滚降系数为 1,E_s/n_0 为 $-4 \sim 4$dB,$\omega_\varphi = 5$,仿真 1000000 次,仿真结果如图 4.8(b) 所示。

由图 4.8(b) 可以看出,多普勒扩散效应会恶化符号率估计信噪比门限约 2dB,其原因在于,由于多普勒扩散效应使得部分数据段的信号与时频函数所等效的滤波器失配,导致性能降低。此外,当大于信噪比门限时,性能变化不大。

4. 符号同步性能仿真

性能仿真 5:BPSK、QPSK 信号,采样率为 12MHz,符号率为 0.6MHz,当无多普扩散效应时,载频为 3MHz;当有多普勒扩散效应时,载频线性变化,初始载频为 2.9MHz,终止载频为 3.4MHz,数据长度为 1000 个符号,E_s/n_0 为 $1 \sim 11$dB,仿真次数 1000 次,仿真结果如图 4.9 所示。

由图 4.9 可知,基于载频时频曲线特征的 PSK 信号符号同步具有较高的同步性能,即使当 E_s/n_0 为 0dB 时,仍然能获得小于 0.04 的归一化符号同步精度,即使存在多普勒扩散效应,该估计性能也仅略有下降。

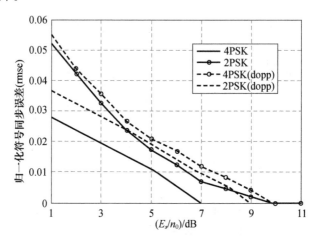

图 4.9 多普勒扩散效应对 PSK 信号符号同步性能影响

5. 比较仿真

性能仿真 6：BPSK 信号，采样率为 6MHz，载频为 1.5MHz，符号率为 0.6MHz，滚降系数为 0.35，数据长度为 600 个符号，E_s/n_0 为 0 ~ 6dB，$\omega_\varphi = 5$，仿真 10000 次。并将本算法与文献[23]（最大似然估计方法）、文献[141]（循环相关估计方法）结果进行对比，仿真结果如图 4.10 所示。

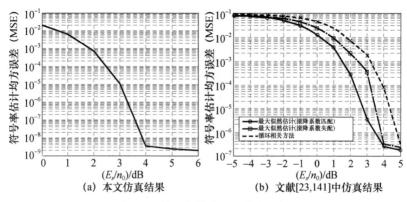

图 4.10 符号率估计性能曲线比较图

通过图 4.10 仿真结果,可以得到以下结论:

（1）本书方法要比循环相关方法具有更低的信噪比门限;

（2）当信噪比大于信噪比门限时,本书算法得到的均方误差要比最大似然方法和循环相关方法优 2 个数量级;

（3）本书算法能够适应多普扩散效应信号,而文献[23,141]中算法无法适应多普扩散效应信号。

4.4.3　结论

本书提出了一种基于载频时频曲线与自相关相结合的 PSK 信号符号率估计方法和符号同步方法。通过对 PSK 信号载频的估计,确定时频变换的尺度因子,根据对时频变换系数取模、自相关、傅里叶变换等处理,完成 PSK 信号符号率的估计。算法主要对中频采样信号进行处理,无需估计信号带宽,不仅能够在低信噪比条件下获得较高的估计性能,而且能够适应多普勒扩散信号,并且其估计性能仅恶化 2dB。

更重要的是,该算法在估计 PSK 信号符号速率时,可灵活地调整 ω_φ 以适应可实现的载频估计精度。

通过与几种方法的比较,表明本算法具有较强的抗信噪比能力,可以为 PSK 的调制类型识别以及解调处理提供较为准确的符号率信息和同步信息。

4.5　频率调制信号符号率估计

4.5.1　符号率估计算法

1. 算法步骤

根据 CPFSK 信号特征曲线形态可知,其符号率估计可分别采用时频脊线和载频时频曲线进行。这两类特征曲线都具有矩形函数的特征,因此需要对该特征曲线进行预处理。下面以 2CPFSK 信号时频脊线曲线为例,介绍一下 CPFSK 信号符号率估计过程,如图 4.11 所示。

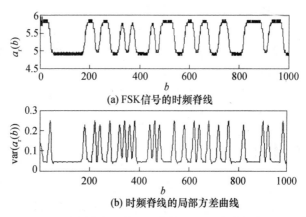

(a) FSK信号的时频脊线

(b) 时频脊线的局部方差曲线

图 4.11　2CPFSK 时频脊线及其方差曲线和 haar 小波变换预处理曲线图

图 4.11(a)、(b)分别为 2CPFSK 信号的时频脊线以及时频脊线经过局部方差处理后得到的曲线。通过对图 4.11(b)所示曲线进行 FFT 处理后,即可完成符号率估计。

由于在特征曲线上可采用时频脊线和载频时频曲线进行,在预处理上可采用局部方差法和 haar 小波边缘检测法进行,为保证符号率估计性能相对最佳,本书分别将两种特征曲线和两类处理方法进行组合,形成 4 个符号率估计方案,分别进行符号率估计性能仿真。仿真结果表明,基于时频脊线和局部方差法处理方案估计性能最佳。因此,CPFSK 信号符号率估计步骤如下:

(1) 时频脊线提取;

(2) 局部方差预处理;

(3) 循环自相关处理;

(4) FFT 处理。

2. 调制指数对估计性能的影响

调制指数是指频率调制信号中最小频率间隔与符号率之比,即

$$h = \Delta\omega/\omega_s \qquad (4-17)$$

式中:ω_s 为符号率;$\Delta\omega$ 为最小频率间隔。

由时频脊线理论可知,时频脊线值主要取决于时频中心频率 ω_φ 与信号频率 ω_c 之比。不同频率引起的时频脊线差为(morlet 小波变换

中为尺度因子差 Δa_r):

$$\Delta a_r = a_{r1} - a_{r2} = \frac{\omega_\varphi}{\omega_{c1}} - \frac{\omega_\varphi}{\omega_{c2}} \qquad (4-18)$$

假定 $\omega_{c2} = \omega_{c1} + \Delta\omega$,且 $\omega_{c1} \gg \Delta\omega$,$\omega_{c2} \gg \Delta\omega$,其中 $\Delta\omega = 2\pi\Delta f$,则式 (4-18)可表示为

$$\Delta a_r \approx \frac{\omega_\varphi}{\omega_{c1}^2}\Delta\omega = \frac{\omega_\varphi}{\omega_{c1}^2}\omega_s h \qquad (4-19)$$

由式(4-19)可知,当 CPFSK 信号频率为中频时,其时频脊线最小间隔主要取决于 ω_φ、ω_s、ω_{c1}、h。当 ω_φ、ω_s、ω_{c1} 都确定时,h 越大意味着时频脊线差也越大,则符号改变点处时频脊线越陡峭,其方差值也越大,相应的抗信噪比能力也越高,估计性能也越好。

3. 多普勒扩散效应对估计性能的影响

当信号存在多普勒扩散效应时,信号的频率是时变的,即使在一个符号之内,其瞬时频率和时频脊线也会有微小的变化。

在单个符号内,信号的多普勒频移近似为线性,根据第 $nT_s \sim (n+1)T_s$ 内,其瞬时频率差远远小于调制频率差,同样其对时频脊线的影响也远小于调制频率变化带来的影响,在提取方差曲线时,该多普勒频差造成的影响几乎可以忽略。

4.5.2 性能仿真及分析

1. 符号率估计性能仿真

性能仿真 1:信号调制类型为 2CPFSK 信号,采样率为 10MHz,载频为 3MHz,符号率为 0.5MHz,E_s/n_0 为 4~10dB,数据长度为 1000 个符号,调制指数分别为 1、0.7、0.5,仿真次数为 50000 次,仿真结果如图 4.12(a)所示。

性能仿真 2:信号调制类型为 2CPFSK、4CPFSK 信号,采样率为 10MHz,载频为 3MHz,符号率为 0.5MHz,E_s/n_0 为 4~10dB,数据长度为 1000 个符号,调制指数为 1,仿真次数为 50000 次,仿真结果如图 4.12(b)所示。

由图 4.12(a)所示,频率调制信号符号率估计性能随着调制指数的增加而逐渐提高,并且信噪比门限也逐渐降低。原因在于:当调制指

数增加时,其时频脊线的距离也增加,当进行局部方差预处理时,跳变点处方差值更"尖锐",相应的抗噪性能更好,也更有利于符号率估计,这与式(4-19)所示一致。

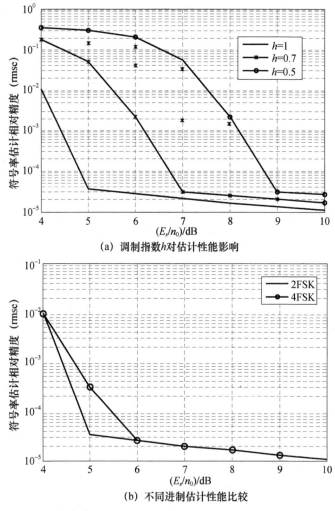

(a) 调制指数 h 对估计性能影响

(b) 不同进制估计性能比较

图 4.12 CPFSK 信号符号率估计性能仿真

2. 符号率估计性能比较仿真

性能仿真 3:信号调制类型为 2CPFSK 信号,采样率为 10MHz,载频为3MHz,符号率为0.5MHz,E_s/n_0 为 2~14dB,数据长度为1000个符号,调制指数为1,仿真次数为1000次,其中 RVAF 为本算法仿真结果,FCTH 为利用文献[126]中方法得到的仿真结果,如图 4.13 所示。

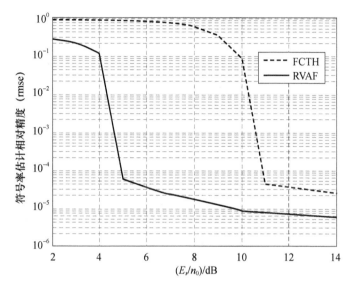

图 4.13   与 FCTH 算法性能比较仿真

仿真结果表明,本书算法与 FCTH 算法相比,具有更低的信噪比门限,在相同信噪比下符号率估计性能也更高。

通过仿真还发现,FCTH 算法对载频具有选择性,并且对载频频偏比较敏感:需要将信号较低载频与时频中心频率进行匹配。如果这一条件不满足,如在极端情况下,当较高载频与时频中心频率匹配时,较低载频则会通过 haar 小波电平较高的旁瓣进入频率分量,这相当于干扰,得到的时频曲线在幅度上的"跳变"特征就会不明显,算法抗噪能力将迅速下降。当存在载频频偏时,特征曲线在幅度上变化也不明显,稳定性差。此外,该算法不具有抗多普勒扩散效应的能力。

本书算法比 FCTH 算法性能更高的原因有两点:一是在进行时频变换时选用了 morlet,相当于选择了最佳时频基函数;二是在特征曲线的选用上,通过性能比较才选择了时频脊线,相当于选择了最佳特征曲线。这两点可归结为一条:本书算法选用了信号最有利的时频特征进行处理,所以其处理性能自然有优势。

3. 高动态条件下符号率估计性能仿真

性能仿真4:调制类型为2CPFSK信号,采样率为10MHz,载频为3~3.5MHz之间呈线性变化,符号率为0.5MHz,E_s/n_0为4~11dB,数据长度为1000个符号,调制指数分别为1、0.5,仿真次数为50000次,并将仿真结果与无多普勒扩散效应时的结果相比较,比较仿真结果如图4.14所示。

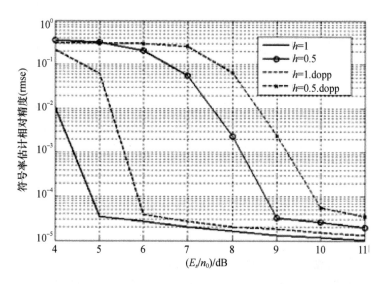

图4.14　多普勒扩散效应下2CPFSK信号符号率估计性能

从图4.14可知,在多普勒扩散条件下,该算法仍然能够有效估计频率调制信号的符号率,但性能下降约1dB,其原因在于多普勒扩散效应导致信号瞬时频率变化范围大,使得子小波滤波器和信号无法一直保持最佳匹配状态进行符号率估计,导致性能下降。

4. 符号同步性能仿真

性能仿真5:采样率为10MHz,符号率为0.5MHz,2CPFSK信号载频分别为2MHz、2.5MHz,4CPFSK信号载频分别为1.5MHz、2MHz、2.5MHz、3MHz,数据长度为1000个符号,E_s/n_0为5~15dB,调制指数h为1,仿真次数为500次,仿真结果如图4.15(a)所示。

从图 4.15(a)可以看出,在没有进行闭环反馈修正的条件下,当 E_s/n_0 为 5dB 时,符号同步误差约为 0.045;当 E_s/n_0 为 8dB 时,符号同步误差接近 0.01;当 E_s/n_0 大于 10dB 时,符号同步误差为 0。

性能仿真 6:采样率为 10MHz,符号率为 0.5MHz,2CPFSK 信号初始载频分别为 2MHz、2.5MHz,最终载频为 2.5MHz、3MHz,数据长度为 1000 个符号,E_s/n_0 为 6~15dB,调制指数 h 为 1,仿真次数 500 次,仿真结果如图 4.15(b)所示。

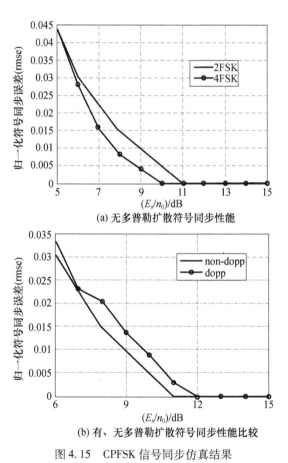

(a) 无多普勒扩散符号同步性能

(b) 有、无多普勒扩散符号同步性能比较

图 4.15　CPFSK 信号同步仿真结果

从图 4.15(b)可以看出,当存在多普勒扩散效应时,信号的符号同

步性能略有下降,但不显著。

4.5.3　结论

本节基于 CPFSK 信号的时频特征曲线,通过对多种符号率估计算法的分析和比较,得到了基于时频脊线、局部方差、自相关相结合的符号率估计方法,该方法也具有较低的信噪比门限,并且当存在多普勒扩散效应时,其性能也仅恶化 1dB。

通过与现有符号率估计算法比较,本算法具有更好的抗噪性能,能为 CPFSK 信号调制类型识别和盲解调提供精确的符号同步信息。

4.6　幅度调制信号符号率估计

4.6.1　符号率估计算法

1. 算法步骤

根据 ASK 信号特征曲线形态可知,其可采用载频时频曲线和时频脊系数曲线两种。但这两种特征曲线各具特点:①时频脊系数曲线具有很高的抗频率时变性能,但相应的运算复杂度较大;②载频时频曲线为一维变换,运算复杂度要远小于时频脊系数曲线,但在处理频率时变信号(如多普勒扩散信号)时性能下降较为严重。因此,具体采用哪一种特征曲线,要根据具体情况而定。

下面以 4ASK 信号时频脊系数曲线为例,介绍一下 ASK 信号符号率估计过程,如图 4.16 所示。图 4.16(a)为 4ASK 信号时频脊系数曲线,图 4.16(b)为 haar 小波预处理后得到的曲线。通过对图 4.16(b)所示曲线进行 FFT 处理后,即可完成符号率估计。

针对 haar 小波和局部方差两种预处理方法进行符号率估计性能比较仿真,结果表明 haar 小波变换法性能更好。因此,ASK 符号率估计步骤如下:

(1) 时频脊系数曲线提取/载频时频曲线;

(2) Haar 小波变换预处理;

(3) 循环自相关处理;

(4) FFT 处理。

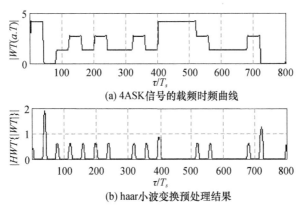

(a) 4ASK信号的载频时频曲线

(b) haar小波变换预处理结果

图4.16　4ASK信号|CWT|系数及局部方差曲线图

2. 时频函数 Q 值对尺度因子有效区间的影响

利用时频函数对信号进行变换时,相当于利用时频滤波器对信号进行滤波。对于 morlet 小波函数来说,其带宽主要决定于参数 k,其中心频率决定于参数 ω_φ,通过调整 k 和 ω_φ,可改变 morlet 小波函数等效滤波器的 Q 值。当 k 不变,ω_φ 增加时,morlet 小波滤波器的 Q 值变大,频率选择性更强。morlet 小波 Q 值变大会导致两个后果:一是对同一个信号进行处理时,大 Q 值意味着更小的滤波带宽,带宽的减小会导致算法可容忍的信号载频估计误差范围会更小,如式(4-16)所示;二是时频滤波器带宽的减小,使得带宽内噪声减小,估计性能变好。

3. 多普勒扩散效应对估计性能的影响

当信号存在多普勒扩散效应时,信号的多普勒频移是按照一定规律变化的,时频脊线与之相对应。因为幅度调制信号在符号改变点,其频率没有畸变,所以幅度调制信号瞬时频率分布与信号载频的变化趋势完全一致。因此,时频脊系数曲线完全能够反映出幅度调制特征。

4.6.2　性能仿真与分析

1. 符号率估计性能仿真

性能仿真1:信号调制类型为2ASK信号和4ASK,采样率为10MHz,载频为2.5MHz,符号率为1MHz,数据长度为1000个符号,E_s/n_0 为

$-2 \sim 10 \mathrm{dB}$，$\omega_{\varphi} = 5$，仿真 1000000 次，仿真结果如图 $4.17(\mathrm{a})$ 所示。

2. 尺度因子对符号率估计性能影响的仿真

性能仿真 2：信号调制类型为 2ASK，采样率为 $6\mathrm{MHz}$，载频为 $1.5\mathrm{MHz}$，符号率为 $0.3\mathrm{MHz}$，数据长度为 1000 个符号，E_s/n_0 为 $8\mathrm{dB}$，morlet 小波 ω_{φ} 分别为 5、12，仿真 1000 次，仿真结果如图 $4.17(\mathrm{b})$ 所示。

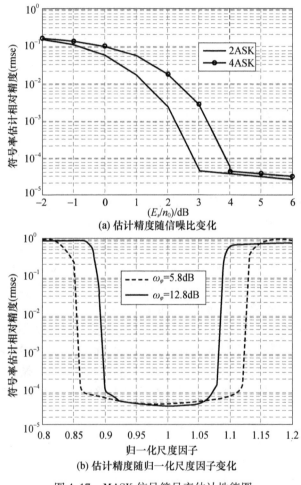

(a) 估计精度随信噪比变化

(b) 估计精度随归一化尺度因子变化

图 4.17　MASK 信号符号率估计性能图

由图 4.17(b)所示可知,通过调整时频函数的 ω_φ,从而调整了其 Q 值,当 Q 值越大时,其归一化尺度因子范围也越小(相应的可容忍载频估计误差也越小)。另外,Q 值越大时,其估计性能也得到提升,但性能提升的效果比较微弱。因此,当信号载频估计误差较大时,时频函数应该采用较小的 ω_φ。

3. 多普勒扩散效应对符号率估计性能的影响仿真

性能仿真 3:信号调制类型为 2ASK,采样率为 10MHz,载频为 2.5MHz,多普勒频移为 $-0.3 \sim 0.3$MHz 范围内线性变化,符号率为 1MHz,数据长度为 1000 个符号,E_s/n_0 为 $-2 \sim 6$dB,$\omega_\varphi = 5$,仿真 1000000 次,仿真结果如图 4.18 所示。

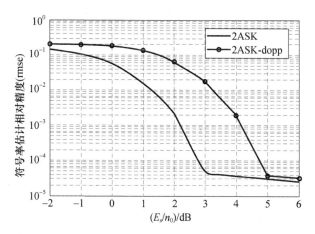

图 4.18 多普勒扩散效应对 ASK 信号符号率估计性能的影响

由图 4.18 所示可知,当存在多普勒扩散效应时,该方法的信噪比门限恶化了 2dB,估计性能也略有下降,但仍然具有较高的估计精度。其原因在于,多普勒扩散效应使得部分数据段信号和时频滤波器失配,导致估计性能下降。

4. 符号同步性能仿真

性能仿真 4:信号调制类型为 2ASK 和 4ASK,采样率为 10MHz,符号率为 0.5MHz,信号载频为 2MHz,数据长度为 1000 个符号,E_s/n_0 为 $2 \sim 12$dB,仿真次数为 500 次,仿真结果如图 4.19(a)所示。

5. 多普勒扩散效应对符号同步性能影响

性能仿真5:信号调制类型为2ASK,采样率为10MHz,符号率为0.5MHz,信号载频分布在1.8～2.3MHz,数据长度为1000个符号,E_s/n_0为2～12dB,仿真次数为500次,仿真结果如图4.19(b)所示。

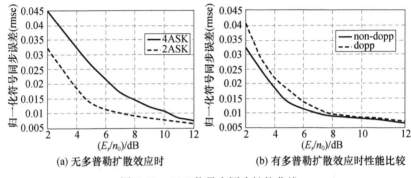

(a) 无多普勒扩散效应时　　　　(b) 有多普勒扩散效应时性能比较

图4.19　ASK信号盲同步性能曲线

由图4.19(b)所示结果可知,当存在多普勒扩散效应时,其符号同步性能略有下降,但下降的效果不明显。

4.7　幅相调制信号符号率估计

4.7.1　符号率估计算法

根据第2章对QAM信号时频特征的分析可知,从调制特征角度看,PSK信号可看作是QAM信号的一个特例,因此QAM信号的符号率估计方法可参照PSK信号的符号率估计方法,具体步骤如下:

(1) 将QAM信号进行幅度归一化处理,去除幅度调制特征;

(2) 其余步骤参照PSK信号的符号率估计步骤。

4.7.2　性能仿真与分析

1. QAM信号符号率估计性能仿真

性能仿真1:信号调制类型为16QAM、64QAM,采样率为10MHz,

载频为 2.5MHz,符号率为 1MHz,滚降系数为 1,数据长度为 1000 个符号,信噪比为 −2~3dB,$\omega_\varphi = 5$,仿真 1000000 次,仿真结果如图 4.20(a)所示。

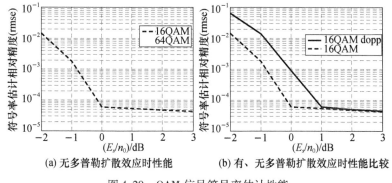

(a) 无多普勒扩散效应时性能　　　　(b) 有、无多普勒扩散效应时性能比较

图 4.20　QAM 信号符号率估计性能

2. 多普勒扩散效应对符号率估计性能的影响

性能仿真 2:信号调制类型为 16QAM 和 64QAM,采样率为 10MHz,载频为 2.5MHz,滚降系数为 1,多普勒频移为 −0.3~0.3MHz 范围内线性变化,符号率为 1MHz,数据长度为 1000 个符号,E_s/n_0 为 −4~3dB,$\omega_\varphi = 5$,仿真 1000000 次,仿真结果如图 4.20(b)所示。

由仿真 1 和仿真 2 得到的结果可知,对于 QAM 信号,采用 morlet 小波变换、自相关、FFT 等方法相结合的符号率估计算法具有较高的符号率估计性能,且具有较强的抗多普勒扩散效应能力。

4.8　本章小结

本章基于信号的时频特征曲线形状,提出了 PSK、QAM 信号的载频估计方法,重点研究了 ASK、CPFSK、PSK、QAM 信号的符号率估计和同步方法。基于几种数字信号(ASK、CPFSK、PSK、QAM)的时频特征曲线,分析了几种典型特征曲线的预处理方法,并针对具体信号类型通过仿真比较,确定了性能相对最优的符号率估计和符号同步算法,具有以下几个特点:

（1）基于数字信号调制特征与特征曲线之间的映射关系，利用特征曲线变化特征估计符号率，与其他方法比适应调制类型多。

（2）在估计符号率时选用了相对最优时频特征曲线，相当于利用了信号最有利的时频特征进行处理，与其他方法比具有更高的估计性能。并且，用于符号率估计的特征曲线及其估计的符号率信息，可同时用于符号同步估计。

（3）算法无需载频同步，其估计性能对载频频偏不敏感，并可通过调整 morlet 小波的中心频率 ω_φ，从而使得算法可容忍不同的载频估计误差。

（4）本书提出的符号率估计算法，在信号存在多普勒扩散效应时依然有效，且仅有约 $1 \sim 2\mathrm{dB}$ 的性能损失。这种性能损失的原因在于：存在多普勒扩散效应时，总有部分数据段的信号和时频滤波器性能失配，导致性能下降。

（5）在盲信号处理中，还有其他一些典型参数需要估计，如 SFM 信号的调频周期，线性调频和非线性调频的调制参数。这些都可以通过时频脊线，经过简单的 FFT 变换，或者对时频脊线经过简单的曲线拟合即可得到，这里不再赘述。

第5章

基于时频特征的调制识别特征提取

5.1 引 言

调制识别是盲信号处理的重要内容。调制类型识别的目的就是在未知调制信息内容和调制参数的前提下,通过某种变换,获取与调制参数相对应的某种变换特征,利用特征与调制类型之间的特征性进行识别。调制类型识别是信号解调等后续处理重要的前提条件。

盲信号的调制类型识别本质上属于模式识别范畴,主要包括特征参数提取、分类器设计两个内容。本章聚焦调制识别所需要的调制特征参数提取研究。关于调制特征参数提取,目前已有很多研究成果。在文献[128 – 131]参照模拟信号识别方法,为识别 2ASK、4ASK、2PSK、4PSK、2FSK、4FSK 信号,设计了 5 种特征参量:r_{max}(中心化归一化瞬时幅度功率谱的最大值)、σ_{ap}(瞬时相位的非线性分量经中心化后的绝对值的标准差)、σ_{dp}(瞬时相位的非线性分量经中心化后的标准差)、σ_{aa}(中心化归一化瞬时幅值绝对值的标准差)、σ_{af}(归一化瞬时频率绝对值的标准差)。仿真结果表明:这种方法只有当信噪比大于20dB 时,所有调制类型的正确识别率才可达到96%。Polydoros 和 Kim 提出了准对数似然比的方法进行 2PSK 和 4PSK 信号的识别,这种方法虽然识别的精度比较高,但需要知道载频、符号率以及信噪比等参数,这在没有先验信息的条件下难以实现。在文献[24]中,K. C. Ho 首次提出利用时频变换检测信号中瞬时跳变特征,进而完成调制类型识别。这种方法由于采用的 haar 小波函数抗噪性能差,且设计的特征参数相对比较简单,因此对调制类型的辨识性能并不高。文献[73,74]提出利用时频脊线进行信号的调制类型识别,这种方法不仅采用的特征参量少,而且特征参数较为简单、抗噪性能也不好。Ketterer 和 Jondral 等虽然也在文献[131]中提出利用时频方法实现调制模式的识别,但这种方法即使在进行 FSK 信号识别时,识别概率也不高。此外,以上算法也没有针对多普勒扩散效应进行研究,难以适应低轨无线电的信号处理。

本章主要以各类时频特征曲线和其他常规特征曲线所体现出的与各调制类型信号之间的映射关系,以及时频特征曲线在参数估计中所反映出的优良性能为基础,对各类特征曲线进行再处理,系统地设计了十余种新型调制识别特征,为盲信号调制识别奠定了特征基础。

5.2　时频脊线二等分标准差比值特征

由于 PSK、QAM、ASK 信号都是单载频信号,其瞬时频率只在符号跳变点处发生畸变(PSK、QAM 信号),总体上这几类信号的时频脊线值大都是处在载频附近,表现为一个类(图 5.1(a)),而 CPFSK/FSK 信号存在多个聚载频,其时频脊线值可聚为 M 个类(图 5.1(b))。基于这种差别,提出一种新的信号调制类型识别方法:时频脊线二等分标准差比值特征。

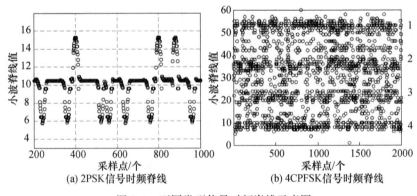

图 5.1　不同类型信号时频脊线示意图

116

时频脊线二等分标准差比值特征提取方法：

（1）通过时频变换，提取信号时频脊线；

（2）计算时频脊线标准差 std1；

（3）然后对该时频脊线进行二等分，计算二等分后其中一组时频脊线的标准差 std2；

（4）计算标准差比值 std1/std2。

该方法可用于 CPFSK/FSK 与其他类型信号的识别。关键点在于：其根本思想是对特征曲线进行二等分，部分调制类型信号二等分前和二等分后在聚类的数量上发生了变化，而另外部分调制类型信号二等分前和二等分后在聚类的数量上未发生变化。这种聚类数量变化情况可以通过相应的标准差 std1/std2 得到充分反应。

对于 ASK、PSK、QAM 信号来说，二等分之前和二等分之后都只有 1 个类，聚类数量没有变化，脊线值标准差变化比较小，即 std1/std2 比较小；而对于 CPFSK/FSK 来说，其二等分之前有 M 个类，二等分之后只有 $M/2$ 个类，聚类数量有变化，相应的脊线值标准差变化比较大，即 std1/std2 比较大。

各类型信号时频脊线二等分标准差比值特征的统计特性如图 5.2（a）所示。从图 5.2（a）可以看出，在 $E_s/n_0 = 0$dB 条件下，CPFSK 信号与 PSK、QAM 信号之间的 std1/std2 之间的差距比较明显，该特征具有较好的识别性能。

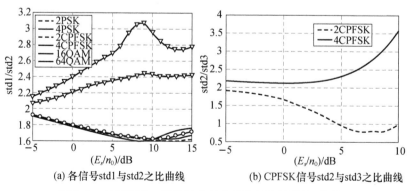

(a) 各信号std1与std2之比曲线　　　　(b) CPFSK信号std2与std3之比曲线

图 5.2　时频脊线二等分标准差比值特征统计特性（均值）

该方法还可用于 CPFSK/FSK 信号的调制进制识别。方法是:在对时频脊线进行一次二等分以后,再次进行二等分,并计算再次二等分后其中一组时频脊线值的标准差 std3,然后计算时频脊线值再次二等分前、后标准差的比值 std2/std3,利用这个比值特征可完成 CPFSK/FSK 信号的二进制和四进制识别。因此,时频脊线二等分标准差比值特征可用于 CPFSK 信号的调制类型识别和调制进制识别。此处,当信号存在多普勒扩散效应时,可用时频差值脊线代替时频脊线进行计算。

5.3　时频脊线$[-\varepsilon,\varepsilon]$概率特征

根据式(3-34)可知,PSK 信号相位跳变点处的瞬时频率为

$$\omega_{c,\Delta\varphi} \approx \omega_c + \frac{\Delta\varphi}{\pi}\omega_{a,m}, \quad -\pi \leqslant \Delta\varphi \leqslant \pi \tag{5-1}$$

相应 PSK 信号的时频脊线分布为

$$a_r(\tau) = \omega_\varphi / \omega_{c,\Delta\varphi} \tag{5-2}$$

由式(5-1)可知,对于 M 进制 PSK 信号来说,相位跳变点处瞬时频率状态共有 $M+1$ 个($\Delta\varphi = \pi$ 的瞬时频率可能为 $\omega_c + \omega_{a,m}$,也可能为 $\omega_c - \omega_{a,m}$),其时频脊线也有 $M+1$ 个类,如图 5.3 所示。其中 $\Delta\varphi = 0$ 对应的脊线居于中间位置,对脊线值进行零均值化后,$\Delta\varphi = 0$ 所对应的时频脊线值也为 0。由于 MPSK 信号相位跳变的概率为 $(M-1)/M$,则相位不跳变(或者说相位跳变量为 0)的概率为 $P_{\text{mpsk}}(\Delta\varphi = 0) = 1/M$。这意味着:当调制进制 M 不同时,相位跳变点处经过零均值化的时频脊线值为 0 的概率与调制进制有关。

从理论上讲,在无噪声时,只要 ε 为一个大于 0 且小于最小相位跳变量 $\Delta\varphi$ 所对应的脊线值,经过零均值化后的时频脊线满足

$$P_{\varepsilon,\text{mpsk}} = P(-\varepsilon < \alpha_{r0}(NT_s) < \varepsilon) = 1/M \tag{5-3}$$

式中:$\alpha_{r0}(NT_s)$ 为零均值化的时频脊线值。

在有噪声情况下,时频脊线的随机分布导致 $P_{\varepsilon,\text{mpsk}}$ 与 ε 的设置具有很大关联。例如,要将 BPSK 信号与高进制信号区分开来,一方面 ε 要大于 $\Delta\varphi = 0$ 对应的脊线值;另一方面,ε 要小于 $\Delta\varphi = \pi/2$ 对应的脊线值,从最大识别距离出发,ε 设置为 $\Delta\varphi = \pi/4$ 所对应的脊线值。同理,

要将 QPSK 信号与更高进制信号进行识别时,可将 ε 设置为 $\Delta\varphi = \pi/8$ 所对应的脊线值;依此类推。

如图 5.3 所示,当识别进制 M 不同时,对应 ε 门限及概率分布 $P_{\varepsilon,\mathrm{mpsk}}$ 如下:

(1) 当 $\varepsilon_1 = a_r(\Delta\varphi = \pi/4)$ 时,在无噪声情况下:$P_{\varepsilon,2\mathrm{psk}} = 0.5$,而 $P_{\varepsilon,4\mathrm{psk}} = P_{\varepsilon,8\mathrm{psk}} = P_{\varepsilon,16\mathrm{psk}} = 0.25$。

(2) 当 $\varepsilon_2 = a_r(\Delta\varphi = \pi/8)$ 时,在无噪声情况下:$P_{\varepsilon,4\mathrm{psk}} = 0.25$,而 $P_{\varepsilon,8\mathrm{psk}} = P_{\varepsilon,16\mathrm{psk}} = 0.125$。

当 PSK 信号进行调制进制识别时,可按照进制由低到高的顺序逐步识别的方法进行,并且 ε 的设置与待识别的调制进制 M 有关,ε 应设置为

$$\varepsilon = a_r\left(\Delta\varphi = \frac{\pi}{2M}\right) \tag{5-4}$$

因此,基于时频脊线的 $[-\varepsilon, \varepsilon]$ 概率特征主要用于 PSK 信号的调制进制识别。当信号存在多普勒扩散效应时,可采用时频差值脊线代替时频脊线进行处理。

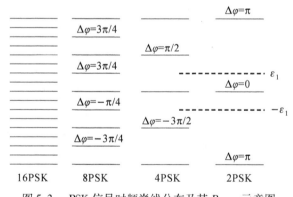

图 5.3   PSK 信号时频脊线分布及其 $P_{\varepsilon,\mathrm{mpsk}}$ 示意图

时频脊线 $[-\varepsilon, \varepsilon]$ 概率特征提取方法:

(1) 通过时频变换,提取信号时频脊线;

(2) 进行符号率估计和符号同步,提取符号突变点处时频值;

(3) 按照从低到高的调制进制顺序,分别设置相应的 ε;

（4）统计时频脊线值在$[-\varepsilon,\varepsilon]$区间的概率。

图5.4为ε设置在$\Delta\varphi=\pi/4$所对应脊线值时，得到的BPSK信号和QPSK信号的$P_{\varepsilon,\mathrm{mpsk}}$随信噪比的统计特性。由图可看出，如果设置一个合适的识别门限ε，可有效识别BPSK/QPSK。

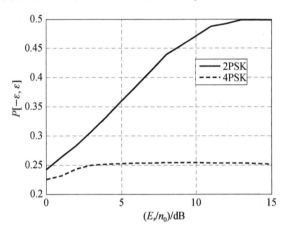

图5.4 MPSK信号零均值化时频脊线的$P_{\varepsilon,\mathrm{mpsk}}$统计特性（均值）

5.4 时频脊系数曲线二等分均值比值特征

针对ASK信号的调制进制识别，可根据其在幅度上的差别（图5.5），提出利用时频脊系数曲线二等分均值比值特征进行识别。

时频脊系数曲线二等分均值比值特征提取方法：

（1）利用时频变换，计算信号的时频脊系数曲线，如图5.5所示。

（2）统计信号时频脊系数曲线计算均值。

（3）利用该均值将信号时频脊系数强制分成两个类。

（4）统计均值上方类的均值$m22$和均值下方类的均值$m21$，计算$m22/m21$，如图5.6（a）所示。由图可以看出，该比值特征对于2ASK和4ASK信号具有一定辨识度。

（5）对二等分后小于均值的类再次进行强制二等分，统计再次二等分后较大均值$m42$和较小类的均值$m41$，计算$m42/m41$，相应的统计特性如图 5.6(b)所示。

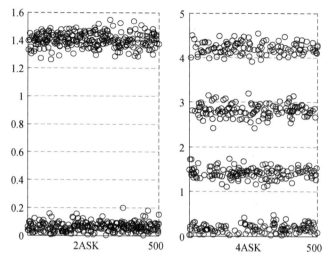

图 5.5 不同进制 ASK 信号幅度分布示意图

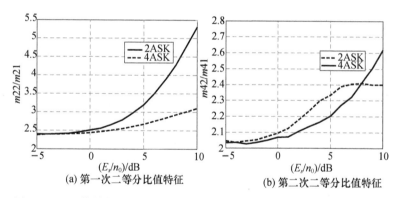

(a) 第一次二等分比值特征 (b) 第二次二等分比值特征

图 5.6 ASK 信号载频时频曲线二等分均值比值统计特性统计特性(均值)

若将图 5.6 所示的两次均值比值再次计算比值,可得到图 5.7 所示的统计特性,从图中可以看出,该比值特征较 $m22/m21$、$m42/m41$ 具有更好的辨识度。

时频脊系数曲线二等分均值比值特征主要用于 ASK 信号的调制进制识别,并能够适应存在多普勒扩散效应等频率时变信号。

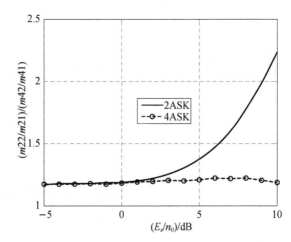

图 5.7 ASK 信号两次二等分均值比值特征的比值统计特性(均值)

5.5 时频脊系数曲线方差特征

在 3.9 节中,总结出各典型信号的时频脊系数曲线特征形态:
①ASK、PSK、QAM 以及相位不连续的 FSK、FH 信号有明显的阶跃特征
或者突变特征;②CW、CPFSK、LFM、NLFM、SFM、FD 信号为恒定值。

原因在于 CW、CPFSK、LFM、NLFM、SFM、FD 等信号为恒包络信号,
且这些信号无频率畸变;而 ASK、QAM、PSK、FSK、FH 等信号有幅度调制
或频率畸变引发的幅度变化。着眼于盲信号调制识别,本书设计了时频
脊系数曲线方差特征,以度量盲信号的时频脊系数曲线的稳定性。

时频脊系数曲线方差特征的提取方法:

(1)通过时频变换,提取信号的时频脊系数;

(2)对信号幅度进行归一化,去除信号功率不一致带来的影响;

(3)计算该曲线的方差。

图 5.8 为 2ASK、4ASK、16QAM、2PSK、4PSK、2FSK($h = 1$)、4FSK
($h = 1$)、LFM、NLFM 共 9 种类型信号的时频脊系数曲线方差(归一化)
统计特性随信噪比变化图。从图中可以得到如下结论:

(1)2FSK、4FSK、LFM、NLFM 等恒包络信号的方差特征明显低于

其他信号；

（2）2ASK、4ASK 等幅度调制信号的方差特征明显高于其他信号；

（3）2PSK、4PSK、16QAM 信号的方差特征相对较近，并且也具有较好的辨识能力（从实际效果看，PSK 和 QAM 信号之间的方差特征也具有较好辨识能力）；

（4）即使在较低的信噪比条件下，其辨识度也比较好。

根据该特征统计特性，通过设置合理门限，可将各类信号进行有效识别。

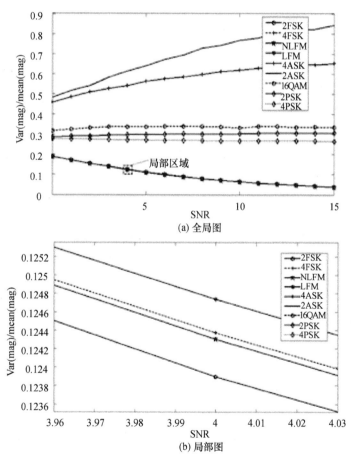

图 5.8　各典型信号时频脊系数曲线方差统计特性统计特性（均值）

5.6　时频特征曲线符号率特征

由第 4 章符号率估计原理可知,特定形态的曲线经过相应信号预处理之后,可以估算出与曲线形态相对应信号的符号率,利用这种方法可以进行符号识别。由 4.4 节、4.5 节、4.6 节可知,由于不同调制类型信号具有不同的符号率估计方法,且具有较高估计性能。因此符号率特征可用于调制类型识别,且具有良好估计性能。

基于以上原理,本节提出了载频时频曲线符号率特征、时频脊线符号率特征、时频脊系数曲线符号率特征共 3 种识别特征,下面将分别进行介绍。

1. 载频时频曲线符号率特征

该特征主要用于识别有信号有无相位跳变,相应的特征提取方法如下:

(1) 对信号进行幅度归一化处理,去除幅度影响;

(2) 提取载频时频曲线;

(3) 循环自相关处理;

(4) FFT 处理。

经过以上处理流程后,PSK、QAM、FSK($h \notin \mathbf{Z}$)等有相位跳变信号得到的频谱特征会有冲激响应,如图 5.9(a)、(b)所示,而 CPFSK、ASK、LFM、NLFM 等无相位跳变信号则无该特征,如图 5.9(c)、(d)所示。通过频谱谱峰的检测即可判别有无相位跳变。

2. 时频脊线符号率特征

该特征主要用于识别信号有无频率跳变,相应的特征提取方法如下:

(1) 提取时频脊线;

(2) 局部方差预处理;

(3) 循环自相关处理;

(4) FFT 处理。

经过以上处理流程后,FSK、CPFSK 等有频率跳变信号得到的频谱特征会有冲激响应,如图 5.10(a)所示,而 ASK、PSK、QAM、LFM、NLFM 等无频率跳变信号则无该特征,如图 5.10(b)、(c)、(d)所示。通过频谱谱峰的检测即可判别有无频率跳变。

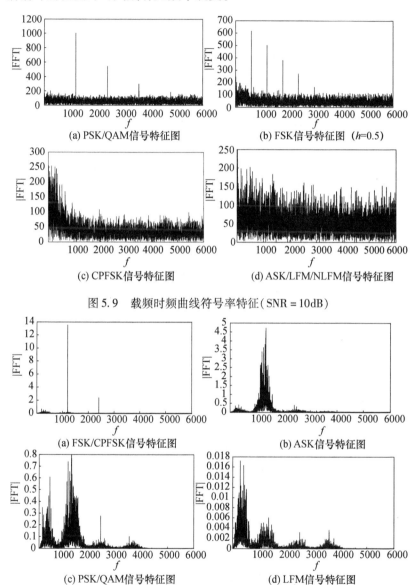

(a) PSK/QAM信号特征图

(b) FSK信号特征图 (h=0.5)

(c) CPFSK信号特征图

(d) ASK/LFM/NLFM信号特征图

图 5.9　载频时频曲线符号率特征（SNR = 10dB）

(a) FSK/CPFSK信号特征图

(b) ASK信号特征图

(c) PSK/QAM信号特征图

(d) LFM信号特征图

图 5.10　时频脊线符号率特征（SNR = 10dB）

3. 时频脊系数曲线符号率特征

该特征主要用于识别幅度有无幅度跳变,相应的特征提取方法如下:

(1) 提取时频脊系数曲线;

(2) 循环自相关处理;

(3) FFT 处理。

经过以上处理流程后,ASK 等有幅度跳变信号得到的频谱特征会有冲激响应,如图 5.11(a)所示,而 FSK、PSK、LFM、NLFM 等无幅度跳变信号则无该特征,如图 5.11(b)、(c)、(d)所示。通过频谱谱峰的检测即可判别有无相位跳变。

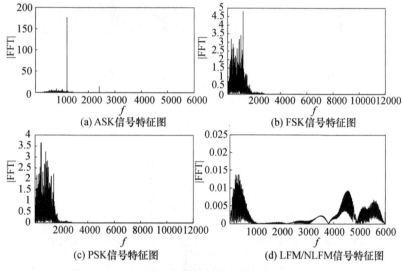

图 5.11　时频脊系数曲线符号率特征(SNR = 10dB)

虽然时频脊系数曲线和载频时频曲线具有相似的形状和应用场景,但是由于后续的预处理方式不同,得到的结果也完全不同。

5.7　短时频谱曲线极小、极大值特征

根据 3.8 节中对典型信号的短时频谱特征分析可知,不同调制类

型信号,其短时频谱具有很大差别,尤其是在短时频谱的极小值和极大值方面,因此该特征也可以作为信号调制识别的依据。

1. 极大值特征

由图 3.64、图 3.66、图 3.70、图 3.71 可知,ASK、CPFSK、LFM、NLFM 等信号在每一条短时频谱曲线上,都只有一个极大值,虽然 CPFSK 信号等会有两个频率点,但是在同一时刻,其短时频谱只有一个峰值。而由图 3.73 可知,FD 信号在任何时候都有与频率分集数量相适应的谱峰数量。

虽然在图 3.65 中,BPSK 信号也有两个谱峰,但是这种情况仅在有相位跳变点处出现,其他时刻还是单峰为主。

因此,可以通过短时频谱曲线的平均谱峰数量来判别信号是否为 FD 信号。

2. 极小值特征

由式(3-30)和图 3.65 可知,相位调制信号会引发短时频谱"分裂",在分裂的两个频谱之间会出现一个极小值,且该极小值分布在载频附近。该特征也可以作为判别有无相位跳变的依据。

5.8　时频值聚类特征

部分数字信号调制参数具有聚类特征,相应的时频特征曲线也会表现出聚类特性,因此可基于特定的时频特征曲线进行聚类计算(图 5.12),并设计相应特征参数,完成信号类型识别处理。

本书设计了三种聚类特征参数用于调制进制辅助识别。

1. 峰值数量

当信噪比较高时,相应调制参数聚类效果较好,可直接利用其聚类峰值数量进行调制进制识别,如图 5.12 所示。

2. 波峰比 f_1/f_3

在进行二进制和四进制信号识别时,当信噪比较低时,聚类效果也会较差,将会出现"虚假"波峰,这种情况下若基于峰值数量进行进制识别会导致识别错误,这时可利用第 1 个波峰值 f_1 和第 3 个波峰值 f_3 的比

值 f_1/f_3 进行识别。其原理在于：对于四进制来说，其 f_1 和 f_3 都是真实峰的峰值，f_1/f_3 接近1；而对于二进制来说，f_3 是虚假峰的峰值，则 f_1/f_3 远大于1，基于 f_1/f_3 的差别，可完成数字信号二进制和四进制的区分。

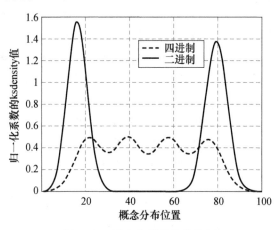

图 5.12　数字信号的聚类特征

3. 波谷波峰比

当信噪比较低时，时频特征聚类效果会比较差，这会导致聚类"波峰"丢失现象，这种情况下也无法利用峰的数量进行进制识别，这时可利用波谷波峰比值特征进行识别。其原理在于：二进制聚类效果总是好于四进制，因此二进制"波峰"比较明显（图5.12），这种情况下，二进制的波谷/波峰比值接近0，而四进制波谷/波峰比值接近1，因此"波谷波峰比"可用于调制进制识别。

5.9　其他调制识别特征

5.9.1　信号频谱特征

根据3.7节对典型信号频谱分析可知，不同信号频谱主要有两项特征：一是信号频谱的冲激响应特征；二是频谱数量特征，利用这两个特征也可以对信号调制类型和进制进行有效识别。

128

1. 频谱冲激响应特征

通过对各典型信号频谱特征的分析,可以看出典型信号频谱可分为两大类:一类频谱有典型的冲激响应;另一类无冲激响应。

根据理论分析和模拟仿真(图 3.53、图 3.54、图 3.56、图 3.58、图 3.62、图 3.63),可知 CW、ASK、FSK、FH、SFM、FD 信号频谱具有冲激响应谱峰,CPFSK 信号调制指数 h 为整数倍时也有"冲激"响应,而 PSK、QAM、LFM、NLFM 等信号则无冲激响应谱峰。利用该特征也可以进行信号分类。

2. 频谱峰值数量特征

通过对具有冲激响应谱峰信号进一步分析可知,不同信号的谱峰数量也有差别,通过这个差别可以将信号进一步分类。

通过比较图 3.53、图 3.54、图 3.56、图 3.58、图 3.62、图 3.63 可知,CW、ASK 等信号为单个谱峰;而 SFM、FD、FH、FSK、CPFSK($h \in \mathbf{Z}$) 等信号具有多个谱峰,且其中的 FSK、CPFSK($h \in \mathbf{Z}$)谱峰为 2 的幂次方,而 SFM、FD、FH 则无此规律。

5.9.2　平方律特征

平方律特征主要针对 PSK 信号,且由于 PSK 信号在雷达和通信中大量采用,因此该方法虽然适用信号类型有限,但具有重要意义。

由式(3 – 5)、式(3 – 6)可知,BPSK 信号经过平方以后为

$$s^2_{\mathrm{psk}}(t) = sp_{\mathrm{psk}}(t)\exp(\mathrm{j}(2\omega_c t + 2\theta_0)) \qquad (5 – 5)$$

由式(5 – 5)可知,此时该信号为一个正常连续波信号,相应的频谱具有冲激响应特征,据此可以对 BPSK 信号进行识别。

同理,QPSK 信号经过四次方以后,8PSK 信号经过八次方以后,其频谱也具有相应的冲激响应形式。高进制信号经过 M 次方计算后,信号的信噪比急剧下降,这种方法的有效性也会急剧下降,所以平方律特征可以和时频脊线$[-\varepsilon, \varepsilon]$概率特征共同使用,确定 PSK 信号的调制进制。

5.10　本　章　小　结

本章主要基于信号调制类型及参数与各类特征曲线形状分布之间

的内在联系,设计了一系列基于时频处理方法的调制识别特征,包括时频脊线二等分标准差比值特征、时频脊线$[-\varepsilon,\varepsilon]$概率特征、时频脊系数曲线二等分均值比值特征、时频脊系数曲线方差特征、时频特征曲线符号率特征、短时频谱曲线极小极大特征以及时频聚类特征等,介绍了这些特征的提取方法和步骤,并分析了这些特征能够适应的信号类型等。总的来看这些信号特征具有以下几个特点:

(1)这些特征提取无需载频、相位等辅助信息,相关参数可通过前面介绍的时频特征曲线经过进一步处理得到,并且算法稳健性强、性能高;

(2)与传统方法比,这些特征还能够较好地适应多普勒扩散效应;

(3)这些特征在提取过程中,都是基于时频特征曲线完成,大量中间计算结果可重复利用,并且适应信号类型多,总体运算复杂度小、效率高。

除此之外,还充分利用了传统调制识别特征的优点,如信号频谱特征、平方律特征等,并且这些传统方法运算量非常小,可作为本章时频特征进行调制识别的有效补充。

第6章

调制识别分类器设计

6.1 引 言

信号调制类型识别效果如何,虽然主要取决于被提取的信号特征,但是具有优良识别性能的分类器对提高调制类型识别的时效性、准确性和可靠性也起着至关重要的作用。因此,分类器设计一直是调制识别领域的主要内容。

调制识别本质上属于假设检验,相应的分类器设计主要包括两个内容,一是判决准则,二是分类器结构设计。本章在判决准则中,主要介绍了基于贝叶斯理论的假设检验、最小错误概率准则,以及信噪比对条件概率密度的影响等内容;在分类器设计中,重点介绍了识别树模型、支持向量机模型等。最后基于两种模型,分别进行了仿真实验,验证了这两种模型的有效性。

6.2 基于贝叶斯理论的调制识别

6.2.1 假设检验

利用辐射源的单个(或多个)特征参量对信号调制类型进行识别,本质上都可以归结为二元(或多元)假设检验问题。在信号处理领域,贝叶斯理论是解决模式分类问题的一种基本方法。它利用信号统计特性,通过理论分析得到检验统计量,然后确定一个比较合适参考门限并与之进行比较判决。

本书的调制识别分类器设计,就是要利用第5章提取的各类调制识别特征具体特征值或者特征向量,对涉及的几种可能的调制类型假设中做出属于哪一个调制类型的判决。

最简单的情况是调制识别输出为两种可能的假设之一。例如,在图5.10所示利用时频脊线符号率特征进行调制识别时,假设就是"是FSK/CPFSK信号"和"非FSK/CPFSK信号"。如果利用H_0和H_1表示这两种可能的假设,称H_0为"非FSK/CPFSK信号"假设,称H_1为"是FSK/CPFSK信号"假设。

更一般的情况下,调制识别输出是M个假设$H_0,H_1,\cdots,H_M$之一,称为M元检测问题。例如,在图5.8所示的利用信号时频脊系数曲线方差进行调制识别时,可以将H_0假设为2FSK、4FSK、LFM、NLFM等恒包络信号;H_1假设为2ASK、4ASK等幅度调制信号;H_3假设为2PSK、4PSK、16QAM等调制信号。当然这种划分不是绝对的,要考虑具体特征对调制识别类型的辨识度为依据。

用假设检验进行统计判决,通常包含下列步骤:

步骤一:作出合理的可能假设。分析所有可能出现的调制类型集合,对每一种可能出现的情况赋予一种假设。

步骤二:选择进行判决所需遵循的最佳准则。当应用对象不同时,衡量判决性能好坏的标准也往往不同。

步骤三:提取调制识别所需信息。进行统计判决所需要的信息不仅仅是提取的各类调制特征,根据具体规则不同,可能还要包括假设的先验概率$P(H_i),i=1,2,\cdots,M$;代价函数$r_i,i=1,2,\cdots,M$;概率密度函数$f(x|H_i),i=1,2,\cdots,M$;以及影响概率密度函数的信噪比条件。

步骤四:根据给定的最佳准则,利用接收样本进行统计判决。

6.2.2 最小错误概率准则

为简化问题分析,先考虑二元检测问题:设提取的调制识别特征样本为x,后验概率$P(H_1|x)$表示在得到样本x的条件下H_1为真的概率,$P(H_0|x)$表示在得到样本x的条件下H_0为真的概率,在H_0与H_1两个假设中选择一个。合理判决准则是选择最大可能发生的假设,若

$$P(H_1 \mid x) > P(H_0 \mid x) \qquad (6-1)$$

则判 H_1 为真,否则,判 H_0 为真。这个准则也称为最大后验概率准则(MAP)。

式(6-1)可以改写为

$$\frac{P(H_1 \mid x)}{P(H_0 \mid x)} > 1 \qquad (6-2)$$

利用贝叶斯公式,用先验概率 $P(H_i)$ 表示后验概率为

$$P(H_i \mid x) = \frac{f(x \mid H_i)P(H_i)}{f(x)}(i = 0,1) \qquad (6-3)$$

式中:$f(x)$ 为 x 的概率密度;$f(x \mid H_1)$ 及 $f(x \mid H_0)$ 为条件概率密度,又称似然函数;$P(H_i)$ 表示调制类型 H_i 出现的先验概率,则

$$\frac{P(H_1 \mid x)}{P(H_0 \mid x)} = \frac{f(x \mid H_1)}{f(x \mid H_0)} \cdot \frac{P(H_1)}{P(H_0)} \qquad (6-4)$$

所以,MAP 可以改写为

$$l(x) = \frac{f(x \mid H_1)}{f(x \mid H_0)} \geqslant \frac{P(H_0)}{P(H_1)} \qquad (6-5)$$

则判 H_1 为真,否则,判 H_0 为真。其中,$l(x) = \dfrac{f(x \mid H_1)}{f(x \mid H_0)}$ 称为似然比。

由式(6-5)可知,假定信号调制类型等概率分布,即 $P(H_0) = P(H_1)$,则似然比判决门限为 1。在图 6.1 中,若样本落在 R_0 则判为 H_0,反之判为 H_1。

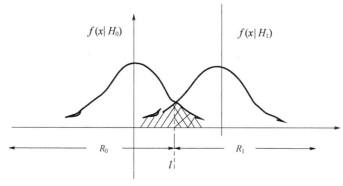

图 6.1 二元检测条件概率密度示意图

最大后验判决准则也称为最小错误准则,即平均错误概率最小。如图 6.1 所示,在二元判决中,有两类错误:一类是将类型 H_0 判为类型 H_1,记为 $P(D_1 \mid H_0)$;另一类是将类型 H_1 判为类型 H_0,记为 $P(D_0 \mid H_1)$,则总的错误概率为

$$
\begin{aligned}
P_e &= P(H_1)P(D_0 \mid H_1) + P(H_0)P(D_1 \mid H_0) \\
&= P(H_1)\int_{R_0} f(x \mid H_1)\,\mathrm{d}x + P(H_0)\int_{R_1} f(x \mid H_0)\,\mathrm{d}x \\
&= P(H_1)\Big[1 - \int_{R_1} f(x \mid H_1)\,\mathrm{d}x\Big] + P(H_0)\int_{R_1} f(x \mid H_0)\,\mathrm{d}x \\
&= P(H_1) + \int_{R_1} \big[P(H_0)f(x \mid H_0) - P(H_1)f(x \mid H_1)\big]\,\mathrm{d}x
\end{aligned}
$$

$$(6-6)$$

为使 P_e 达到最小,必须满足

$$
P(H_0)f(x \mid H_0) - P(H_1)f(x \mid H_1) \leqslant 0 \qquad (6-7)
$$

也即,若

$$
l(x) = \frac{f(x \mid H_1)}{f(x \mid H_0)} \geqslant \frac{P(H_0)}{P(H_1)} \qquad (6-8)
$$

则判 H_1 为真,否则,判 H_0 为真。这恰好是最大后验概率准则,因此,最大后验概率准则又称为最小错误概率准则。

6.2.3　最小风险判决准则

在最大后验概率准则中,没有考虑到错误判决所带来的风险。在实际的调制类型识别过程中,某些比较重要的或重点关注的调制类型会在调制识别中引起特别的重视,那么这些调制类型错判所带来的代价会较一般调制类型错判更大。为了反映这些差别,在贝叶斯判决中,引入了代价函数 C_{ij},其表示 H_j 假设为真而判决为 H_i。以二元判决为例,相应的平均风险代价函数为

$$
R = C_{10}P(D_1 \mid H_0)P(H_0) + C_{01}P(D_0 \mid H_1)P(H_1) \quad (6-9)
$$

考虑到

$$
P(D_1 \mid H_0) = \int_{R_1} f(x \mid H_0)\,\mathrm{d}x \qquad (6-10)
$$

$$P(D_0 \mid H_1) = 1 - P(D_1 \mid H_1) = 1 - \int_{R_1} f(x \mid H_1) \, dx$$

$$(6-11)$$

所以

$$R = C_{01} P(H_1) + \int_{R_1} \left[C_{10} P(H_0) f(x \mid H_0) - C_{01} P(H_1) f(x \mid H_1) \right] dx$$

$$(6-12)$$

要使 R 达到最小,必须满足

$$C_{10} P(H_0) f(x \mid H_0) - C_{01} P(H_1) f(x \mid H_1) \leqslant 0 \qquad (6-13)$$

也即,若

$$l(x) = \frac{f(x \mid H_1)}{f(x \mid H_0)} \geqslant \frac{C_{10} P(H_0)}{C_{01} P(H_1)} \qquad (6-14)$$

则判 H_1 为真,否则,判 H_0 为真。若取 $C_{10} = C_{01}$,则最小风险判决准则变成最大后验概率准则,即最大后验概率准则是最小风险判决准则的特例。

6.2.4 信噪比对概率密度影响

在前面 6.2.2 节和 6.2.3 节分别介绍了贝叶斯估计的最小错误概率准则和最小风险判决准则,这两个准则都是基于先验概率 $P(H_i)$ 和条件概率密度函数 $P(H_i|x)$ 等先验信息来设计分类器的。但实际上,在针对具体应用场景时,这些先验信息未必存在,一般都是利用现有样本对这些先验信息进行估计,并将估计值作为真值。

在一般的情况下,先验概率 $P(H_i)$ 相对比较容易,而对 $P(H_i|x)$ 估计就相对比较复杂,往往存在两个问题:一是很多情况下,训练样本太少;二是表示特征的向量 X 维数较大时,会产生严重的计算复杂度,但是如果概率密度能够参数化时,且参数个数已知,这个问题就不会太复杂。基于本书前面所述方法,调制识别特征的 $P(H_i)$ 可以通过对调制类型进行统计获得,从第 5 章介绍的各类时频特征所蕴含的物理含义来说,可以认为各特征的 $P(H_i|x)$ 相互独立,且服从正态分布(从大量统计看,基本都服从正态分布),相应的参数估计方法可由最大似然估计和贝叶斯估计来实现,具体方法和过程此处不再赘述。这里要谈对

条件概率密度函数 $P(H_i|x)$ 具有重要影响的问题——信噪比问题。

在估计调制识别特征的条件概率密度函数 $P(H_i|x)$ 时,信噪比是影响其参数的一个重要因素,如图 6.2 所示。在图 6.2 中,有两种调制类型信号,分别为信号 1 和信号 2。这两种信号的某一调制识别特征统计均值 μ 都是随信噪比变化的曲线,相应的均方差 σ 也会随着信噪比变化。

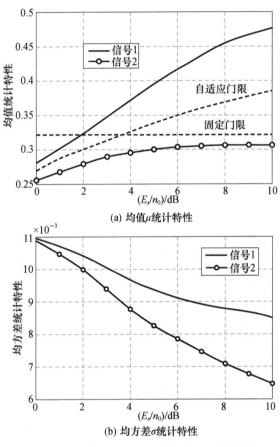

(a) 均值 μ 统计特性

(b) 均方差 σ 统计特性

图 6.2 两种调制类型某一识别特征统计特性

也即均值和均方差都是信噪比函数,可分别表示为 $\mu(E_s/N_0)$,$\sigma(E_s/N_0)$。在调制识别时,由于在每个信噪比条件下都要估计一次概率密度函数,运算量巨大,因此常用方法不考虑信噪比因素或者仅考虑均值 μ 统计特性进行,然后设置一个固定门限进行调制识别,如图 6.2(a)所示,利用这种方法可得到如图 6.3(a)所示的识别结果。

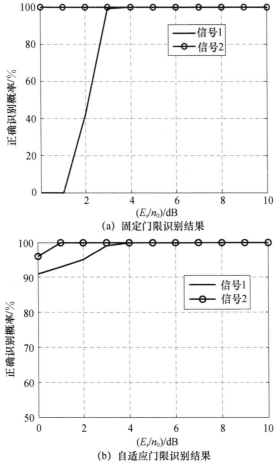

(a) 固定门限识别结果

(b) 自适应门限识别结果

图 6.3　两种信号调制类型识别结果

然而,在不考虑信噪比因素时,识别性能有如下几个问题:

(1) 在信噪比比较低时,识别性能大幅下降。在图 6.3(a)中,信噪比小于 2dB 时,信号 1 识别概率为 0。

（2）低信噪比条件下，虽然信号 2 识别概率为 100%，但是这种识别结果是完全不可信的。假如输入样本是等概率分布，则被识别成信号 2 的样本中各有 50% 是信号 1 和信号 2，此时信号 2 的正确识别概率虽然达到 100%，但结果是完全不可信的。

（3）在没有信噪比信息时，也就无法知晓信号的信噪比是大于 2dB 还是小于 2dB，这种情况也会导致对大于 2dB 时识别成信号 2 结果的质疑。

因此，信噪比条件是确保调制识别性能及可信度的必要条件。引入信噪比条件，根据相应的均值和均方差统计特性可以估计出其概率密度函数，然后可以确定与信噪比相适应的自适应识别门限，如图 6.2（a）所示，相应的识别结果如图 6.3（b）所示。从识别结果可以看出，低信噪比条件下信号调制类型识别性能得到了大幅度提升。

在考虑信噪比因素后，式（6-8）、式（6-14）要分别修正为式（6-15）、式（6-16）：

$$l(x) = \frac{f(x \mid H_1, \text{SNR})}{f(x \mid H_0, \text{SNR})} \geq \frac{P(H_0)}{P(H_1)} \qquad (6-15)$$

$$l(x) = \frac{f(x \mid H_1, \text{SNR})}{f(x \mid H_0, \text{SNR})} \geq \frac{C_{10}P(H_0)}{C_{01}P(H_1)} \qquad (6-16)$$

目前信噪比估计方法比较多，如最大似然估计法、信号噪声方差法、分割符号矩的估计法、二阶—四阶矩估计法、信号—变换比估计法、频域法、特征值分解法、空间投影法等，但总结起来有两大类：一类需要数据辅助进行估计；另一类无需数据辅助。这两类方法各有特点，在这里不再赘述。

在文献[133]中，提出了改进的 MDL-SVD 方法，该方法得到结果是当信噪比为 0~2dB 时，信噪比估计误差不超过 1dB；当信噪比为 3~10dB时，信噪比估计误差不超过 0.5dB。另外，该方法稳定性好，不受滚降系数变化等因素影响，估计过程也和信号的调制类型无关，具有实用价值。

限于篇幅限制，本书不再对信噪比估计问题展开研究。鉴于文献[130]改进了的 MDL-SVD 方法的工程实用性，本书在利用信噪比辅助进行调制识别时，将直接利用该方法的输出作为本书的输入条件。

6.3 基于识别树的自动识别方法

6.3.1 基本概念

在盲信号调制类型识别方法中,分类树是一种传统且广泛采用的方法。分类树是一种层次化分类方法,这一点非常符合人的思维。人进行分类时一般先根据信号某些显著特征,粗略地得到信号所属的大致类别,然后再根据另外一些特性,判定信号的确切类别。将这一判别过程用算法表现出来,就构成了分类树。

先来看一个简单的例子:表6.1中列出一些具有颜色、形状和大小三维特征的数据样本以及其类别标签。

表 6.1 分类数据样本

ID	颜色	形状	大小	类别
1	红	圆形	125	0
2	蓝	方形	100	0
3	蓝	圆形	70	0
4	红	方形	120	0
5	蓝	三角形	95	1
6	蓝	方形	60	0
7	红	三角形	220	0
8	蓝	圆形	85	1
9	蓝	方形	75	0
10	蓝	圆形	90	1

根据表6.1中的数据,不难构建如图6.4所示的分类树,如果对于一个新样本:蓝色、圆形、大小60,根据分类树可以得知其属于类别0。

通过上面的例子可以看到分类树中的节点包含分支节点和叶节点两类。每一个分支节点都表示一定的分类算法,一般是针对某个特征值的判断规则。分支节点根据特定的条件判定一个目标更符合该节点下哪一个分支所具有的特性,然后样本落入该分支中,由该分支内的节点进行处理。而分类树的叶节点则代表了特定的目标类型,当一个样本经过分支节点的层层判定落入一个叶节点时,可以认为该叶节点所代表的类型就是该样本的类型。当分类树的每一层分支节点都将目标划分为特定的类型集合,并且该类型集合具有一定的含义时,则构成了一个层次化的识别算法。通过分类树每一层的判别,样本的属性由粗到细逐渐明确。

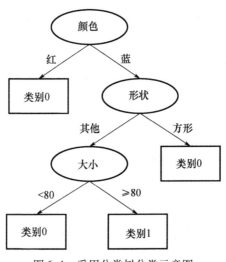

图 6.4 采用分类树分类示意图

分类树的特征一般情况下支持两种类型:

(1) 数值型:特征类型是整数或浮点数,如表 6.1 中的"大小"。这种特征的特点是可以用">"">""<"或"≤"作为分割条件。

(2) 枚举型:特征取值只能从有限的选项中选取,如表 6.1 中的"颜色"和"形状"。这种特征的特点是只能用"="和"≠"作为分割条件。

在盲信号调制识别中,其特征类型主要为数值类型。

分类树的突出优点是易于理解和实现,可读性好,具有描述性,有助于人工分析。另外,它的执行效率高,分类树构建一次,即可反复使用,每一次使用的最大计算次数不超过分类树的深度。

但是分类树也存在一些缺点,比如人们在使用过程中往往需要了解较多的背景知识,并且样本需要人工进行训练以拟合后验概率。另外,当类别太多时,分类错误一般增加会比较快。

6.3.2 分类树的建立

分类树的建立主要有两种方法:一种是根据专家经验,人为设定分类树的结构;另一种就是确定一定的准则,让系统在这些准则的要求下按照各类样本在特征空间中的分布规律自动组织分类树结构。

分类树自动构建的基本步骤如下:

步骤一:将所有样本看作一个节点;

步骤二:遍历每一维特征的每一种分割方式,找到最优的分割点;

步骤三:分割成两个节点 $N1$ 和 $N2$;

步骤四:对节点 $N1$ 和 $N2$ 分别继续执行 2~3 步,直到每个节点达到足够的"纯度"为止。

在以上建立过程中,"纯度"是一个重要量化指标。在分类树领域,一般采用分类错误率、熵和基尼系数作为"纯度"指标。在分类树中,条件概率为

$$\hat{\pi}_c = \frac{1}{|D|} \sum_{i \in D} I(y_i = c) \qquad (6-17)$$

式中:D 表示某叶子节点的样本集合;$I(y_i = c)$ 表示样本 i 属于第 c 类则计数为 1,否则计数为 0。

则分类错误率为

$$P_e = \frac{1}{|D|} \sum_{i \in D} I(y_i \neq \hat{y}) = 1 - \hat{\pi}_{\hat{y}} \qquad (6-18)$$

但是在调制识别中,一般采用最小错误概率准则和最小风险概率准则,那么这两个准则如何在识别树的分类器中得到体现呢? 一个办法就是在对样本进行训练时,通过 $P(H_i)/\sum\limits_{i=0,1} P(H_i)$(最小概率准则)、$C_{ji}P(H_i)/\sum\limits_{i=0,1} C_{ji}P(H_i)$,$j \neq i$(最小风险概率准则)对训练样本数量进行加权。

在分类树中,还经常用到纯度差的概念,纯度差也称为信息增益,

计算公式为

$$\Delta = I(\text{current}) - \sum_{j=1}^{K} \frac{|D(v_j)|}{|D|} I(v_j) \qquad (6-19)$$

式中:I 代表不纯度;K 代表分割的节点数,一般 $K=2$;current 代表当前节点;v_j 代表第 j 个子节点。

式(6-19)实际上就是当前节点的不纯度减去子节点不纯度的加权平均数,权重由子节点样本数与当前节点样本数的比例决定。

分类树的构建过程是一个递归的过程,所以需要确定停止条件,否则过程将不会结束。一种最直接的方式是当每个子节点只有一种类型的样本时停止,但是这样往往会使得分类树的节点过多,导致过拟合问题;另一种可行的方法是当前节点中的记录数低于一个最小的阈值,那么就停止分割,将 $\hat{y} = \text{argmax}_c \{\hat{\pi}_c\}$ 作为当前叶节点的类标签。

6.3.3　分类树的剪枝

采用上面方法生成的分类树在使用时容易出现过拟合的现象,也就是分类树对训练数据可以得到很低的错误率,但是用到测试数据上却得到很高的错误率。过拟合是自动建立分类树时经常出现的问题,出现过拟合的主要原因如下:

(1)噪声数据的影响:训练数据中存在噪声数据,某些节点依靠噪声数据作为分割标准,导致分类树在使用时无法代表真实数据。

(2)非代表性数据的影响:训练数据往往较少从而没有覆盖所有代表性数据,在使用时出现了这样的数据,就会导致这类数据难以有效分类。

为了避免出现过拟合的问题,一般采用剪枝的方法加以解决。剪枝分预剪枝和后剪枝两种。预剪枝是在树的生长过程中设定一个指标,当达到该指标时就停止生长,这样做容易产生"视界局限",即一旦停止分支,节点成为叶子节点,就断绝了其后继节点进行更优的分支操作的可能性。或者说这些已停止的分支会误导算法,导致产生的树纯度差最大的地方过分靠近根节点。后剪枝中树首先要充分生长,直到叶子节点都有最小的不纯度值为止,这可以克服"视界局限"。然后考虑所有相邻的叶子节点对是否剪掉它们,如果剪掉能引起令人满意的不纯度增长,那么执行剪枝,并令它们的公共父节点成为新的叶节点。这种"合并"叶节点的做法和节点分支的过程恰好相反,经过剪枝后叶子节点常常会分布在很宽的层次上,树也变得非平衡。后剪枝技术的优点是克服了"视界局限"效应,而且无需保留部分样本用于交叉验证,所以可以充分利用全部训练集的信息。但后剪枝的计算量代价比预剪枝方法大得多,特别是在大样本集中,不过对于一般小样本的情况,后剪枝方法还是优于预剪枝方法。

6.3.4 数字信号识别树设计

按照信号时频特征差别最大化原则和先调制类型识别后调制进制识别的顺序,提出了数字信号调制类型自动识别的流程(图 6.5),该流程自始至终都是在信噪比辅助条件下完成的。图 6.5 所示的识别流程无论是对于有多普勒扩散环境还是对于无多普勒扩散环境都是适用的。

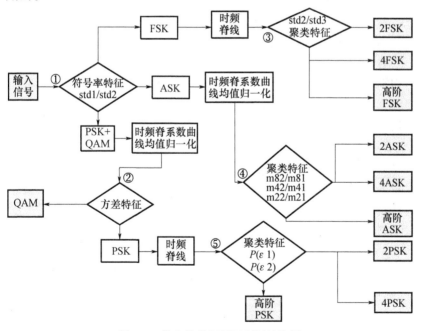

图 6.5 数字信号调制识别树结构图

图 6.5 所示的识别树结构是按照各数字信号调制参数差别以及相应的调制识别参数识别能力进行设计的。当然，图 6.5 所示识别树并不是一个优化的识别树，如在无多普勒扩散条件，PSK、QPSK 等信号识别都可利用平方律特征来识别，FSK 也可以通过频谱的谱线数量来判断，等等。识别树每一个分叉所使用特征及其功能说明如下：

1. 进行 PSK + QAM、ASK、FSK 调制类型的识别

当 QAM 信号经过等幅处理以后，其与 PSK 信号都存在相位跳变而具有相同的符号率特征，可暂时将 PSK 和 QAM 归为 PSK + QAM 类，并利用符号率特征将待识别信号识别为 PSK + QAM 类型和非 PSK + QAM 信号。

由于 FSK 信号瞬时频率在聚类上与 ASK、PSK + QAM 信号具有典型的差别，可利用本书提出的时频脊线二等分标准差比值特征 std1/std2 进行识别：如果大于识别门限判为 FSK 信号，否则判为非 FSK 信号。

利用以上两种特征对输入信号进行联合判决，可将输入信号分为三类：PSK + QAM、ASK、FSK，对应识别树的分叉①。

2. PSK、QAM 调制类型的识别

对于待识别的 PSK、QAM 信号，可根据它们在幅度方面的差别进行识别：提取时频脊系数曲线，按照均值进行归一化计算后，统计特征曲线方差特征，利用方差特征完成 PSK 信号和 QAM 信号识别，对应识别树的分叉②。

3. FSK 信号调制进制的识别

对于 FSK 信号调制进制识别，基于不同进制信号在瞬时频率聚类数量分布上的差别，利用时频差值脊线进行二等分比值特征和聚类计算，综合利用时频脊线二等分标准差比值特征 std2/std3 和聚类特征进行调制进制识别，对应识别树的分叉③。

4. ASK 调制进制的识别

对于 ASK 信号，基于不同进制信号在幅度上聚类的差别，在提取时频脊系数曲线并进行均值归一化后，进行二等分均值比值、聚类特征计算，并综合利用这些特征完成调制进制识别，对应识别树的分叉④。

144

5. PSK 信号调制进制的识别

对于 PSK 信号调制进制识别,基于瞬时频率(时频脊线值倒数)分布和相位跳变之间的对应关系(如式(3-34)),可在提取时频差值脊线后,根据不同调制进制信号的时频差值脊线值在$[-\varepsilon,\varepsilon]$内的概率分布方面的差别以及聚类特征差别,进行调制进制识别,对应识别树的分叉⑤。

6.4 基于支持向量机的自动识别方法

6.4.1 基本概念

在盲信号调制识别方法中,支持向量机是一种新兴的方法(图6.6)。支持向量机(SVM)是建立在统计学习理论和结构风险最小化理论基础上的两类鉴别性分类器,可根据有限的样本信息在模型的复杂性和学习能力间进行较好的折中,它在解决小样本、非线性分类及高维模式识别中具有一些特有的优势。

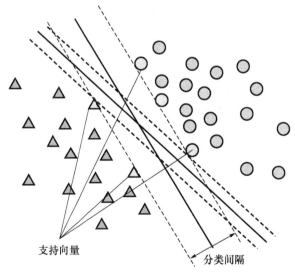

支持向量
分类间隔

图 6.6 支持向量机分类示意图

对于给定的两类训练样本 $X = \{(x_1, y_1), (x_2, y_2), \cdots, (x_M, y_M)\}$。其中 $y_i \in \{+1, -1\}$ 对应两类分类样本的标签。支持向量机的训练过程是在样本空间中找到一个最优的超平面,该超平面使得同类样本尽可能处于超平面的同一侧,而且超平面与每一类样本间的距离,也即分类间隔尽可能的大。为了满足这样的目标,可以通过优化如式(6 - 20)所示的正则化风险目标函数。该目标函数中最小化 $\| \boldsymbol{\omega} \|^2 / 2$,对应最大化两类样本间的分类间隔 $2 / \| \boldsymbol{\omega} \|$,而 ξ_i 为松弛变量。

$$\min_{\omega, b} \frac{1}{2} \| \boldsymbol{\omega} \|^2 + C \sum_{i=1}^{n} \xi_i$$

$$\text{w.r.t} \quad \boldsymbol{\omega}, b, \xi_i$$

$$\text{s.t.} \quad y_i (\langle \boldsymbol{\omega}, x_i \rangle + b) \geqslant 1 - \xi_i, \xi_i \geqslant 0, 1 \leqslant i \leqslant n \quad (6 - 20)$$

通过求解上述带约束的最优化问题,可以找出区分正样点和负样点的最优线性分类面 H,该分类面的分类函数为

$$f: \mathbb{R}^N \to \mathbb{R}$$

$$x \to f(x) = \boldsymbol{\omega}^{\mathrm{T}} x + b \quad (6 - 21)$$

在求解得到最优解中,仅有少部分样本点对应系数是非零的,它们位于两类样本的边界上,称为支持向量。判决函数如式(6 - 22)所示,其中,N_{SV} 为支持向量数,α_s 为求解过程中支持向量的权重系数。

$$f(x) = \text{sign}\left(\sum_{s=1}^{N_{SV}} \alpha_s \langle x, x_s \rangle + b \right) \quad (6 - 22)$$

6.4.2 核函数

在实际特征空间中,无法保证不同类别特征之间一定满足线性可分的条件,因此将 SVM 扩展到解决空间中的非线性可分问题具有更重要的普遍意义。SVM 对于非线性可分问题的解决思想是,将低维空间中线性不可分的问题通过恰当的空间映射,将其转化为更高维空间中的线性可分问题,在此高维空间中进行如前所述线性 SVM 分类。但是如果显式地研究非线性映射,则难度很大而且存在高维特征空间运算时的"维数灾难"问题,而且寻找合适的非线性映射函数也是一件很困难的事。

核函数提供了解决上述问题的有效方法,在支持向量机中引入核

146

函数有如下优点：①利用核函数可避免 SVM 训练时的"维数灾难"，大大减小计算复杂度；②无需知道非线性的映射函数的具体形式和参数，采用不同的核函数即代表了不同的映射函数和映射空间。在 SVM 中，采用不同的核函数往往可以得到不同的分类性能。可以将空间中的非线性映射问题隐式得到解决，这就扩展了 SVM 的应用范围和实际意义。在 SVM 中核函数定义为

$$K(x,z) = \langle \phi(x),\phi(z) \rangle \tag{6-23}$$

式中：$\langle \cdot \rangle$ 为内积运算；$K(x,z)$ 为核函数；$\phi(\cdot)$ 为低维到高维空间的隐式映射函数。满足 Mercer 定理的函数都可以作为核函数。核函数下的 SVM 目标函数可对应表示为

$$\min_{\omega} \frac{1}{2} \parallel \boldsymbol{\omega} \parallel^2 + C \sum_{i=1}^{n} \xi_i$$

$$\text{w. r. t} \quad \boldsymbol{\omega}, b, \xi_i$$

$$\text{s. t.} \quad y_i(\langle \boldsymbol{\omega}, \phi(x_i) \rangle + b) \geqslant 1 - \xi_i, \xi_i \geqslant 0, 1 \leqslant i \leqslant n$$

$$\tag{6-24}$$

同样，该优化函数属于经典的带约束条件的凸二次规划（Quadratic Programming，QP）问题。通过拉格朗日乘子法，上述原问题可转为如下式所示的对偶问题。

$$\max \sum_{i=1}^{N} \alpha_i - \frac{1}{2} \sum_{i=1}^{i=N} \sum_{j=1}^{j=N} \alpha_i \alpha_j y_i y_j K(x_i, x_j)$$

$$\text{w. r. t. } \alpha$$

$$\text{s. t. } \sum_{i=0}^{N} y_i \alpha_i = 0$$

$$0 \leqslant \alpha_i \leqslant C, i = 1, 2, \cdots, N \tag{6-25}$$

6.4.3　多类 SVM

通过前面的讨论，可以看到 SVM 是为二值分类问题设计的，当处理多类问题时，就需要构造合适的多类分类器。目前，构造 SVM 多类分类器的方法主要有两类：一类是直接法，直接在目标函数上进行修改，将多个分类面的参数求解合并到一个最优化问题中，通过求解该最优化问题"一次性"实现多类分类。这种方法看似简单，但其计算复杂

度比较高,实现起来比较困难,只适合用于小型问题中。另一类是间接法,主要是通过组合多个二分类器来实现多分类器的构造,常见的方法有一对多法和一对一法两种。

(1)一对多法:训练时依次把某个类别的样本归为一类,其他剩余的样本归为另一类,这样 M 个类别的样本就构造出了 M 个 SVM。分类时将未知样本分类为具有最大分类函数值的那类。

假如有 A、B、C、D 四类要划分(也就是 4 个类标签),在抽取训练集时,分别抽取 A 所对应的向量作为正集,B、C、D 所对应的向量作为负集;B 所对应的向量作为正集,A、C、D 所对应的向量作为负集;C 所对应的向量作为正集,A、B、D 所对应的向量作为负集;D 所对应的向量作为正集,A、B、C 所对应的向量作为负集。这 4 个训练集分别进行训练,然后得到 4 个 SVM 模型,在测试的时候,把对应的测试向量分别利用这 4 个 SVM 模型进行测试,每个测试都有一个结果,最终的结果便是这 4 个值中最大的一个。

(2)一对一法:在任意两类样本之间设计一个 SVM,因此 M 个类别的样本就需要设计 $M - (M-1)/2$ 个 SVM。当对一个未知样本进行分类时,最后得票最多的类别即为该未知样本的类别。

还是假设有 A、B、C、D 4 类。在训练时选择 A 和 B、A 和 C、A 和 D、B 和 C、B 和 D、C 和 D 所对应的向量作为训练集,然后得到 6 个模型,在测试时,把对应的向量分别对 6 个模型进行测试,然后采取投票形式,最后得到一组结果。

6.4.4 SVM 训练与识别

采用 SVM 的调制识别,在分类器结构设计后,需要利用测试样本对分类器相关参数进行训练与优化,之后利用训练之后的支持向量机模型对测试样本进行识别,相应的训练与识别测试流程如图 6.7 所示。

下面提供一个具体的例子,实验数据来自 Matlab 的 fisheriris 数据库,共 3 类,即 setosa、versicolor 和 virginica,每类 50 个样本,每个样本含有 4 维特征。选择 setosa 作为正类,versicolor 和 virginica 作为负类,选择第 1 维和第 2 维作为特征,得到的 SVM 如图 6.8 所示。图中实线为分类面,圆圈为支持向量。

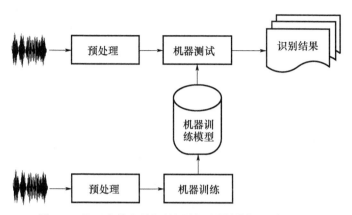

图 6.7 基于支持向量机的调制识别训练与识别流程图

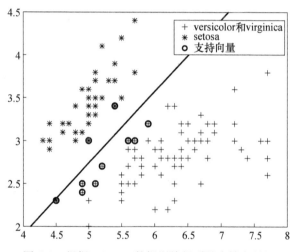

图 6.8 根据 fisheriris 数据训练得到的支持向量机

6.5 基于混合方法的自动识别方法

6.5.1 混合分类器种类

在实际的盲信号调制类型识别系统中,由于某些类别很容易混淆,而特征有时又没有太强的针对性,此时简单地采用分类树或者 SVM 都不能取得理想的分类效果。可以将两种方法融合起来,各取所长,得到一种实用的混合分类方法。一般来讲,混合分类方法有以下几种:

并联法:两种方法并行工作,对于一个未知样本,两种方法分别进行测试,然后再对两个结果进行融合,根据置信度得到最终分类结果。

串联法:两种方法串行工作,对于一个未知样本,先用一种方法进行测试,如果置信度较低,不能确定结果,则再用另一种方法进行测试,然后对两个结果进行融合,得到最终分类结果。典型的方法是 SVM 后接分类树方法。

嵌套法:一种方法嵌套于另外一种方法。典型的方法是基于 SVM 的分类树。

6.5.2 SVM 后接分类树

SVM 后接分类树的方法是实际中较为方便使用的一种方法,先利用机器学习的方法构建 SVM 模型,然后对于较难区分的类别再采用专家知识进行分类树分类,对于一般问题能达到较好的分类效果。

SVM 后接分类树的算法流程如下:

流程一:对于所有类别采用一对多法或一对一法训练多类 SVM 模型;

流程二:采用验证集数据对步骤流程一中的模型进行测试,根据混淆矩阵挑选出容易混淆的类别;

流程三:人工对易混的类别进行分析,尝试提取更显著的特征,采用分类树进行分类,直到得到满意效果;

流程四:对易混的类别进行合并成大类,重新训练 SVM 模型。

SVM 后接分类树的流程如图 6.9 所示。

6.5.3 基于 SVM 的分类树

在分类树中,如果每一个节点的判决都是基于 SVM 模型得到的,那么就能得到基于 SVM 的分类树。基于 SVM 的分类树方法有很多种,不同方法的主要区别在于设计树结构的方法不同。图 6.10 给出了一种基于 SVM 的分类树,可以看到每一个非叶子节点均是一个 SVM 分类器。

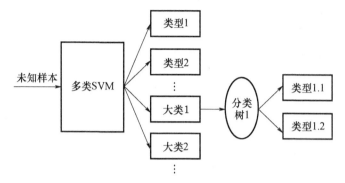

图 6.9　SVM 后接分类树的流程

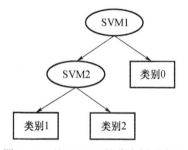

图 6.10　基于 SVM 的分类树示意图

6.6　盲信号调制识别仿真

6.6.1　基于识别树的通信数字信号调制识别性能仿真

根据图 6.5 所介绍的识别树结构,设置相应条件进行数字信号调制识别仿真。在仿真中,既考虑 PSK、FSK、ASK、QAM 调制类型识别,还要考虑与具体调制进制相关的调制类型识别。

1. 仿真条件

（1）信号调制类型:2PSK、4PSK、2ASK、4ASK、2FSK、4FSK、

16QAM、64QAM 信号；

（2）信号调制参数：采样率 10MHz，载频为 3MHz，符号率为 0.5MHz；

（3）信噪比为 0～10dB；

（4）信噪比输入误差为 1dB；

（5）PSK、QAM 信号滚降系数为 0.5；

（6）CPFSK 信号调制指数 h 为 0.8；

（7）多普勒扩散效应：信号载频在 1000 个符号内线性增加 0.6MHz；

（8）每一种调制信号识别 5000 次，采用的信号长度为 1000 个符号长度。

2. 仿真条件说明

（1）因为所设计的时频特征，丢弃了相位信息，所以对 QAM 的调制进制效果不好，因此仿真主要考察 ASK、PSK、CPFSK、QAM 信号的类型识别性能以及 ASK、PSK、CPFSK 信号的进制识别性能。

（2）根据文献[129]得到的结果，假定信噪比估计误差为 1dB。

（3）在进行调制进制识别时，不仅要考虑二进制和四进制信号，还要考虑高进制信号存在的可能性。所以输出的样本不仅包括二进制和四进制，还要包括进制更高的待识别信号，但是高进制信号无输入，所以也无输出。

（4）所示识别树既适用无多普勒扩散条件，也适用有多普勒扩散条件，当有多普勒扩散时，相应的时频脊线利用时频差值脊线代替。

（5）在识别过程中，假定先验概率 $P(H_i)$ 都是等概率的，且错判的风险也是相等的。

3. PSK + QAM、ASK、CPFSK 信号调制类型识别结果

图 6.11 为识别树分叉①基于信号符号率特征、时频脊线二等分标准差比值特征 std1/std2 所得到的 PSK + QAM、CPFSK、ASK 信号的调制类型识别结果。

在图 6.11 中，PSK + QAM 的正确识别概率为 PSK 信号正确识别成 PSK + QAM 类，以及 QAM 信号正确识别成 PSK + QAM 类的均值。

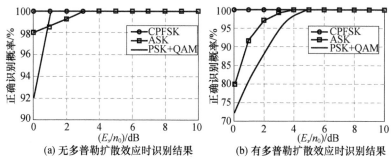

(a) 无多普勒扩散效应时识别结果   (b) 有多普勒扩散效应时识别结果

图 6.11   分叉①信号类型识别结果

4. PSK 和 QAM 调制类型识别结果

图 6.12 为识别树分叉②利用时频脊系数曲线方差对 PSK、QAM 信号类型识别结果。

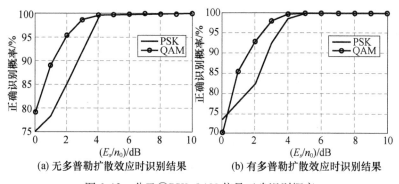

(a) 无多普勒扩散效应时识别结果   (b) 有多普勒扩散效应时识别结果

图 6.12   分叉②PSK、QAM 信号正确识别概率

5. FSK 调制进制识别结果

图 6.13 为识别树分叉③利用时频脊线二等分标准差比值特征和聚类特征进行的 CPFSK 调制进制识别结果。

6. ASK 调制进制识别结果

图 6.14 为识别树分叉④利用时频脊系数曲线,按照二等分均值比值特征和聚类特征进行的 ASK 调制进制识别结果。

7. PSK 调制进制识别结果

图 6.15 为识别树分叉⑤利用时频差值脊线[$-\varepsilon,\varepsilon$]区间概率法

进行的 PSK 调制进制识别结果。

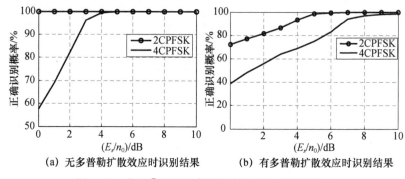

（a）无多普勒扩散效应时识别结果　　（b）有多普勒扩散效应时识别结果

图 6.13　分叉③CPFSK 信号调制进制正确识别概率

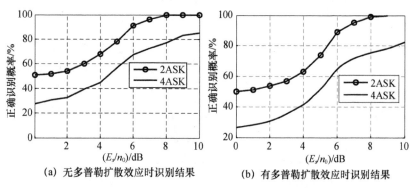

（a）无多普勒扩散效应时识别结果　　（b）有多普勒扩散效应时识别结果

图 6.14　分叉④ASK 信号调制进制正确识别概率

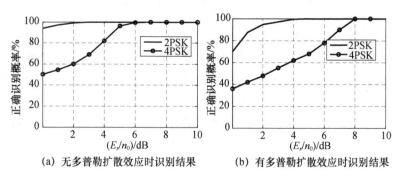

（a）无多普勒扩散效应时识别结果　　（b）有多普勒扩散效应时识别结果

图 6.15　分叉⑤PSK 信号调制进制正确识别概率

8. 调制类型识别结果

综合识别树分叉①和分叉②,图 6.11 和图 6.12 仿真结果,得到有多普勒扩散条件下通信数字信号调制类型正确识别结果,如表 6.2 所列。

表 6.2　有多普勒扩散效应时数字信号调制类型识别概率
（单位:%,四舍五入到百分位）

$(E_s/n_0)/dB$	0	1	2	3	4	5	6	7	8	9	10
ASK	79	91	97	99	100	100	100	100	100	100	100
PSK	56	67	78	91	98	100	100	100	100	100	100
CPFSK	100	100	100	100	100	100	100	100	100	100	100
QAM	47	63	75	88	95	99	100	100	100	100	100

9. 调制类型识别结果

综合识别树所有分叉,最终调制类型的识别结果如表 6.3 所列。

表 6.3　有多普勒扩散效应时数字信号调制进制识别概率
（单位:%,四舍五入到百分位）

$(E_s/n_0)/dB$	0	1	2	3	4	5	6	7	8	9	10
2ASK	50	51	54	57	63	74	89	95	99	100	100
4ASK	26	28	31	35	41	51	65	72	75	78	82
2PSK	70	87	94	97	99	100	100	100	100	100	100
4PSK	36	42	48	55	62	70	78	90	100	100	100
2CPFSK	72	77	81	86	93	99	100	100	100	100	100
4CPFSK	39	48	56	64	69	75	83	94	97	98	98

10. 结果分析

通过对图 6.11 ~ 图 6.15,以及表 6.2 和表 6.3 结果分析,可得到以下几点:

（1）表 6.2 结果显示,当信噪比大于 3dB 时,各信号识别概率都大于 90%。

（2）表 6.3 结果显示,除了 4ASK 信号,其他各信号的调制进制识别概率在信噪比大等于 7dB 时调制进制正确识别概率都大等于 90%。

（3）图 6.11～图 6.15 结果显示，当有多普勒扩散效应时，基于时频差值脊线的识别性能较无多普勒扩散时有较明显下降，而基于时频脊系数曲线所提取特征识别性能无明显变化，原因在于这两类特征曲线对多普勒扩散效应的敏感程度不同。

6.6.2 基于支持向量机的雷达信号调制识别性能仿真

对仿真产生的雷达信号进行了训练和测试，包括 9 类调制类型：FSK、FH、LFM、NLFM、ASK、FD、PSK、SFM、CW。样本和测试情况如下：

1. 仿真情况

分别仿真产生了 8dB、10dB、12dB 信噪比（数字信号为 E_b/n_0）下 9 类信号的 16800 个样本；训练集随机选取了 9 类调制类型的 8400 个样本，测试集同样包含 9 类调制类型，选取剩余的 8400 个样本，测试样本与训练样本无重叠。

在测试过程中，仅采用了第 3 章中所列出的典型信号的特征曲线训练，并未采用第 5 章中所采用的各类时频特征样本，相应的识别性能如表 6.4 所列。

表 6.4　基于支持向量机的识别测试结果

调制类型	SNR = 8dB		SNR = 10dB		SNR = 12dB	
	正确率/%	混淆率/%	正确率/%	混淆率/%	正确率/%	混淆率/%
FSK	92.562	SFM:7.313 LFM:0.125	96.437	SFM:3.438 LFM:0.125	99.5	LFM:0.125 SFM:0.375
FH	99.5	ASK:0.5	100		100	
LFM	94.5	FSK:5.5	98.25	FSK:1.75	99.0	FSK:1
ASK	99.875	FH:0.125	99.75	FH:0.125 CW:0.125	100	
NLFM	100		100		100	
FD	100		100		100	
PSK	100		100		100	
CW	100		100		100	

156

调制类型	SNR = 8dB		SNR = 10dB		SNR = 12dB	
	正确率/%	混淆率/%	正确率/%	混淆率/%	正确率/%	混淆率/%
SFM	48.375	FSK:51.5 ASK:0.125	94.25	FSK:5.75	98.875	FSK:1.125
综合正确率	92.76		98.75		99.71	

2. 影响技术指标的因素分析

1）信噪比

信噪比是影响识别正确率的重要因素。通过上述仿真实验说明，同等样本容量，在信噪比为 12dB 情况下，识别正确率达到 99.71%；在信噪比降低到 8dB 后，识别正确率为 92.76%，有一定降低，其中正弦波调频（SFM）识别正确率下降比较明显，和频率编码（FSK）信号混淆非常严重。通过对两种信号调制类型的特征分析可知，当信噪比降低时，相应的概率密度函数方差变大，且均值距离变小。

2）样本数量

样本数量对识别正确率存在一定影响，这是机器学习的重要特点。同等信噪比条件下，样本数量降低，识别正确率也有所降低，因此，使用支持向量机方法必须保证足够的训练样本。

3）超向量维数

超向量维数越多，特征表达越完整，但是时间开销会相应地急剧增大；维数太少，则影响特征表达。比如低信噪比条件下，提取维数较少时，SFM 信号和 FSK 信号的某些特征（如瞬时频率）相似，细微特征反映不出来。

4）部分混淆较严重信号的再识别

对于信噪比降低后 FSK 与 SFM，LFM 与 FSK 混淆比较严重情况，可以利用图 6.9 所示的 SVM 后接分类树模型，在支持向量机之后，加接一个分类树结构进行识别。由 4.5、5.6 节可知，利用符号率特征可有效分离 FSK 与 SFM 信号以及 LFM 与 FSK 信号。

当然,上述仿真也可以直接利用第 5 章中各种识别特征进行识别,这里仅采用特征曲线,只是想对混合结构做一个说明。

3. 针对 SFM/FSK 进一步识别的考虑

从表 6.4 可知,在 8dB 时,SFM 信号与 FSK 信号的辨识度相对较弱,这是由于 FSK 与 SFM 信号其幅度特征都具有类似恒包络特征(FSK 无相位跳变时),在瞬时频率上也都具有周期变化特征,在频谱上,也都具有冲激响应特征。本仿真所采用的特征在信噪比较低时辨识度不高。

但由图 3.56、图 3.62 及式(3 – 135)可知,这两类信号谱线数量具有较大差别,且在对信号进行平方后,FSK 信号谱线数量保持不变,但 SFM 信号谱线会增加近一倍。相同频谱数量特征可对这两种信号进一步识别。

6.7　本章小结

本章重点介绍了基于贝叶斯决策理论的盲信号调制类型假设检验、最小错误概率准则、最小风险判决准则以及信噪比对调制识别条件概率密度函数的影响等。

分类器设计重点研究了三个内容:在识别树分类器设计中,重点介绍了识别树概念、识别树建立和剪枝,并进行了数字信号盲识别的识别树设计;在支持向量机分类器中,介绍了相应的核函数、多类支持向量机构造,以及支持向量机的训练与识别流程;最后研究了基于识别树和支持向量机的混合设计,介绍了混合分类器的种类、支持向量机后接分类树、基于支持向量机的分类树等内容。

最后,基于识别树和支持向量机这两种模型,分别进行了数字通信信号和雷达信号的调制识别仿真。仿真结果表明,利用第 5 章提取的调制特征、第 3 章各类特征曲线作为输入特征的识别结果,都具有较高的识别性能,从处理算法的复杂度和性能看,都能够达到工程应用的需要,对盲信号处理具有重要意义。

第 7 章

基于时频特征的数字信号盲解调

7.1 引　言

在传统的信号解调过程中,无论是相干解调算法还是非相干解调算法,都需要预先获得载频信息和同步信息,并且残留频偏和定时误差一直是影响信号解调性能的重要因素。为降低误码率,传统解调方法都需要进行高精度载频估计和符号同步。因此,对载波频率和符号定时相位的探讨一直以来是数字解调器相关研究的热点问题。而对于非合作信号接收机与处理来说,信号参数等都是未知或者精确知道,尤其对于雷达脉冲这种短促性信号来说,载频信息难以精确估计。在这种情况下,再利用传统方法进行调制识别、参数估计、符号同步和符号识别等处理,不仅运算效率不高,而且准确性也难以保证。

针对这个问题,本章主要根据第4、6章处理方法得到的信号调制类型及参数和符号同步结果,基于第2章提出的各类时频特征曲线,利用相位调制、频率调制、幅度调制等调制信息与时频特征曲线形态之间的映射关系,在无需载波同步条件下完成符号识别。这种方法最大好处在于:利用提取的时频特征曲线,一体化设计完成信号调制识别、参数估计、符号同步和调制识别,具有较好的运算效率,尤其对于雷达脉冲这种短促信号优势更为明显。

7.2　相位调制信号解调盲算法

1. 解调算法

针对常规方法对残留频偏敏感问题,本书提出了一种基于信号时频分布的盲解调算法。该算法利用 DPSK 信号在相位跳变点处的瞬时频率与相位跳变量之间的映射关系,以及时频脊线与信号瞬时频率之间的等效关系,通过提取的时频脊线值进行相位跳变量估计,从而完成 DPSK 信号的盲解调。该算法无需进行载波同步,也不受多普勒扩散因素的影响。

根据式(3 - 34)可知,信号的瞬时频率与相位跳变量之间的关系满足:

$$\omega_{max} \approx \omega_c + \frac{\Delta\varphi}{\pi}\omega_{a,m}, \ -\pi \leqslant \Delta\varphi \leqslant \pi \qquad (7-1)$$

由式(7 - 1)可知,DPSK 信号相位跳变点处的时频脊线值与相位跳变量是相互映射的(除 π 相位跳变对应着两个时频脊线值外,其他的相位跳变量都是与时频脊线值一一对应的)。因此,可在提取 DPSK 信号时频脊线后,利用相位跳变点处的脊线值进行符号识别。

图 7.1 中信号采样率为 10MHz,载频为 1.5MHz,符号率为 0.2MHz,ω_φ 为 6,共 100 个符号。由图 7.1(b)可以看出,在提取到相位跳变点时频脊线值后,可根据时频脊线值推断出相位跳变量,进而完成符号识别。

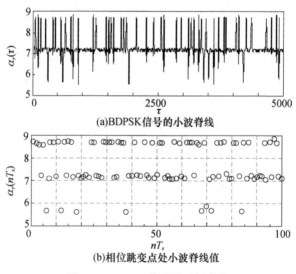

(a)BDPSK信号的小波脊线

(b)相位跳变点处小波脊线值

图 7.1 BDPSK 信号的时频脊线

2. 算法分析

由图7.1可知,在利用时频脊线值对信号进行解调过程中,无需进行载频估计和载波同步。但是低轨自主无线电信号处理面临的一个重要问题就是高动态问题。在高动态条件下,DPSK信号相位跳变点处的时频脊线值不仅与相位跳变量有关,而且也会随着多普勒扩散效应波动,如图7.2(b)所示。在这种条件下,单纯地利用时频脊线值无法完成相位跳变量 $\Delta\varphi$ 的识别。此时,可利用时频差值脊域代替时频脊域进行符号识别,如图7.2(c)所示。

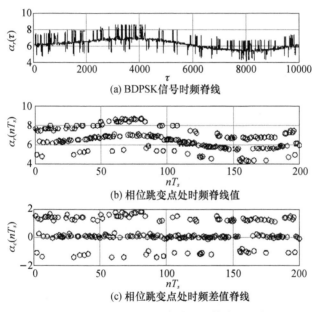

(a) BDPSK信号时频脊线

(b) 相位跳变点处时频脊线值

(c) 相位跳变点处时频差值脊线

图 7.2　BDPSK 信号时频脊线及差值脊线示意图

图 7.2 中 BDPSK 信号的采样率为 10MHz,载频为 1.275 ~ 1.65MHz,线性变化,符号率为 0.2MHz,$\omega_\varphi = 6$,共 200 个符号。

假定某一相位跳变点处 (nT_s) 其瞬时频率为

$$\omega(nT_s) \approx \omega_c + \omega_{\text{dop}}(nT_s) + \frac{\Delta\varphi}{\pi}\omega_m \qquad (7-2)$$

式中:ω_{dop} 为多普勒扩散引起的频率偏移。nT_s 时刻的时频脊线值为

161

$$a_r(nT_s) = \omega_\varphi / \left[\omega_c + \omega_{\text{dop}}(nT_s) + \frac{\Delta\varphi}{\pi}\omega_m \right] \qquad (7-3)$$

在符号中点处 $\Delta\varphi = 0$，因此 $((n-0.5)T_s)$ 时刻时频脊线值为

$$a_r(nT_s - 0.5T_s) = \omega_\varphi / \left[\omega_c + \omega_{\text{dop}}(nT_s - 0.5T_s) \right] \qquad (7-4)$$

由式(7-3)、式(7-4)，可知 nT_s 和 $(n-0.5)T_s$ 时刻的时频差值脊线值为

$$a_d(nT_s) = a_r(nT_s) - a_r(nT_s - 0.5T_s)$$

$$= \frac{\omega_\varphi}{\omega_c + \omega_{\text{dop}}(nT_s) + \dfrac{\Delta\varphi}{\pi}\omega_m} - \frac{\omega_\varphi}{\omega_c + \omega_{\text{dop}}(nT_s - 0.5T_s)}$$

$$(7-5)$$

由于多普勒扩散等效应在短时间内是很小的，式(7-5)可以简化为

$$a_d(nT_s) \approx \frac{\omega_\varphi}{\omega_c^2}\left[\omega_{\text{dop}}(nT_s) - \omega_{\text{dop}}(nT_s - 0.5T_s) + \frac{\Delta\varphi}{\pi}\omega_m \right]$$

$$(7-6)$$

由于 $\omega_{\text{dop}}(nT_s) - \omega_{\text{dop}}(nT_s - 0.5T_s)$ 仅为半个符号内的频移，可以忽略，则式(7-6)可以简化为

$$a_d(nT_s) \approx \frac{\omega_\varphi}{\omega_c^2}\frac{\Delta\varphi}{\pi}\omega_m \qquad (7-7)$$

也即 a_d 仅与 $\Delta\varphi$、ω_m 有关，与多普勒扩散无关。

7.3 频率调制信号盲解调算法

在完成时频脊线提取和符号同步的基础上，提取每个符号位上时频脊线的值。由于频率调制信号是利用频率 ω_i 来传递信息的，因此得到的符号位时频脊线值与 M 个 ω_i 一一对应(图 5.1(b))。

图 5.1(b)为一段 4CPFSK 信号(包含 1000 个符号)符号位零均值时频脊线值提取的结果，其中 $E_s/n_0 = 10$dB。从图 5.1(b)可以看出，CPFSK 信号符号位时频脊线值表现出聚类特性，而类的数量正好和调制进制 M 相等。

此外,还可以根据聚类结果确定各个调制码(0,1,…,$M-1$)对应的脊线值分布范围和识别门限,然后针对符号序列的时频脊线值分布进行符号识别,获得频率调制信号的码序列,从而完成解调。

当信号存在多普勒扩散时,常规的解调方法通过比较几个滤波频点上输出幅度的大小,随着时间的积累,信号频率与接收滤波器频率之间的频偏会越来越大,解调性能也逐渐降低,达到一定程度时无法解调。

在本书中,针对多普勒扩散效应,采用时频差值脊线代替时频脊线,即可完成信号的解调,只是在性能上有一定的牺牲。

7.4 幅度调制信号盲解调算法

在完成符号率估计和符号同步以后,可进一步开展符号识别研究。根据式(3-51)所示,幅度调制信号符号位时频脊系数曲线的值为

$$| WT_{ask}(a_r(\tau),\tau) | = b_n \sqrt{2\pi s} \qquad (7-8)$$

式中:b_n 为幅度调制信息;s 为信号能量。

由式(7-8)可知,时频脊系数曲线值与调制信息 b_n 一一对应,即可利用该值进行符号 b_n 识别,从而完成信号解调。

由时频脊系数曲线特性可知,该曲线能够很好适应多普勒扩散效应。

7.5 性能仿真与分析

1. DPSK 信号解调仿真

1)基于时频脊线特征的 DPSK 信号盲解调性能仿真

性能仿真 1:采样率为 10 MHz,载频 1.2 MHz,符号率为 0.5 MHz,1000 个符号,BDPSK 信号 E_s/n_0 为 0~13 dB,QDPSK 信号 E_s/n_0 为 0~15dB,滚降系数为 0.5,仿真次数 1000 次(QDPSK 信号在 E_s/n_0 大于 12 dB 时仿真次数为 10000 次),未考虑符号同步误差,解调性能如图 7.3 (a)所示。

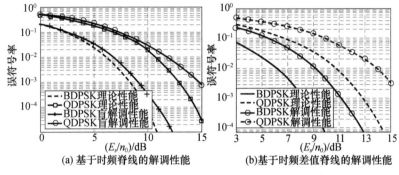

(a) 基于时频脊线的解调性能　　(b) 基于时频差值脊线的解调性能

图 7.3　DPSK 信号解调性能随 E_s/n_0 变化曲线图

2）基于时频差值脊线的多普勒扩散信号盲解调方法性能仿真

性能仿真 2：信号调制类型为 BDPSK 和 QDPSK 信号，采样率为 10MHz，载频为 1.275～1.65MHz，线性变化，符号率为 0.2MHz，$\omega_\varphi = 6$，共 200 个符号，E_s/n_0 为 3～15 dB，仿真次数 1000 次，仿真结果如图 7.3（b）所示，并将仿真性能与理论性能进行了比较。

3）同步误差对时频脊线盲解调方法性能的影响

性能仿真 3：采样率为 10 MHz，载频 1.2 MHz，符号率为 0.5 MHz，1000 个符号，BDPSK 信号 E_s/n_0 为 8dB，QDPSK 信号 E_s/n_0 为 10 dB，滚降系数为 0.5，仿真次数 1000 次，符号同步误差对解调性能的影响如图 7.4 所示。

4）仿真结果分析

利用时频（差值）脊域进行 DPSK 符号识别是有如下特点：

（1）无需载波恢复和同步，只需检测瞬时频率与载频之间的相对位置关系即可进行符号识别，载频的绝对误差不会降低符号识别性能，并且在时间上也不具有累积效应。

（2）通过提取符号位跳变点处时频差值脊线值，能有效解调存在多普勒扩散效应的信号，并且对多普勒扩散的变化率没有限制要求。

（3）图 7.3 仿真结果表明，在无多普勒扩散条件下，算法实现性能比理论值恶化小于 2dB；在多普勒扩散条件下，算法所实现的解调性能比理论值恶化量小于 3 dB。算法实现性能能够满足实际信号处理需要。

（4）图4.9、图7.4所示的仿真结果表明,基于载频时频曲线实现的符号同步性能对信号解调性能的影响几乎可以忽略。

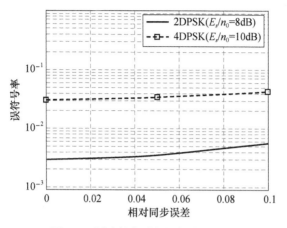

图7.4　同步性能对解调性能的影响

2. CPFSK信号解调仿真

1）盲解调性能仿真

性能仿真4:调制类型为2CPFSK/4CPFSK,采样率为30MHz,符号率为0.5MHz,载频分别为6MHz、6.5MHz,数据长度为1000个符号,E_s/n_0为0~14dB,仿真次数为500次(10dB以上仿真10000次),未考虑符号同步误差,仿真结果如图7.5所示。

2）符号同步误差对解调性能的影响

性能仿真5:E_s/n_0为5dB、8dB,符号同步相对误差为0~0.1,调制类型为2CPFSK信号和4CPFSK信号,其他参数设置同仿真1,得到仿真结果如图7.6所示。

仿真结果表明:当符号同步相对误差为0.1时,同步误差对盲解调性能的影响几乎可以忽略。

3）多普勒扩散信号盲解调方法性能仿真

性能仿真6:调制类型为2CPFSK,采样率为30MHz,符号率为0.5MHz,载频分别为5.7~6.3MHz线性变化,$h=1$,数据长度为1000个符号,仿真次数为500次(10dB以上仿真10000次),仿真结果如图7.7所示。

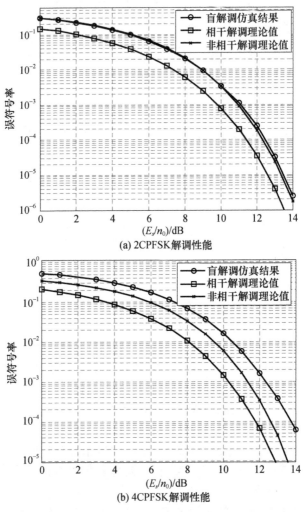

(a) 2CPFSK解调性能

(b) 4CPFSK解调性能

图 7.5　CPFSK 信号盲解调性能与理论值比较

4）仿真结果分析

（1）针对 CPFSK 信号，提出了一种基于时频脊线的 CPFSK 信号盲解调方法，在第 4 章介绍的利用时频脊线方差曲线进行符号率估计、符号同步算法的基础上，通过提取符号位时频脊线值，进行聚类等处理，实现调制进制 M 的识别，最终完成 CPFSK 信号盲解调处理。

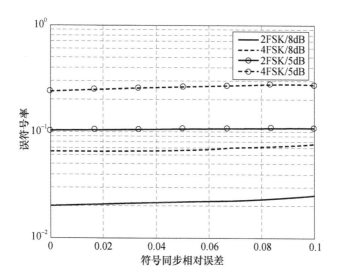

图 7.6　符号同步误差对盲解调性能影响

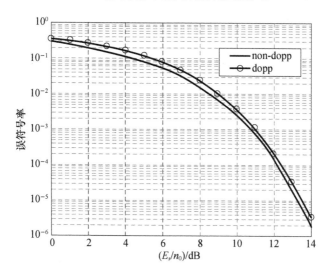

图 7.7　2CPFSK 信号多普勒扩散条件下解调性能

（2）由图 7.5 仿真结果表明,盲解调具有较高的解调性能,其 2CPFSK 信号盲解调性能仅比理论曲线低 0.1dB,4CPFSK 信号盲解调性能仅比理论曲线低 1dB。

（3）结合图 4.15、图 7.6 的仿真结果，表明该算法实现的符号率估计误差和符号同步误差对盲解调性能的影响几乎可以忽略。

（4）由图 7.7 可知，当存在多普勒扩散效应时，2CPFSK 信号的解调性能略有恶化，恶化量约为 0.2dB。

3. ASK 信号解调仿真

1）基于时频脊系数曲线的 ASK 信号解调性能

性能仿真 7：信号调制类型为 2ASK，采样率为 30MHz，符号率为 0.5MHz，信号载频为 12MHz，数据长度为 1000 个符号，E_s/n_0 为 3 ~ 12dB，仿真次数为 1000 次，仿真结果如图 7.8(a)所示。

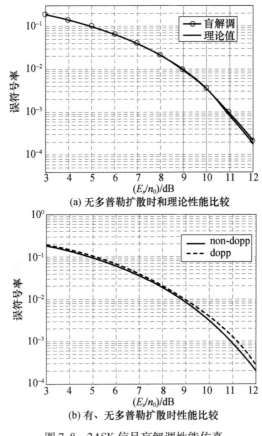

图 7.8 2ASK 信号盲解调性能仿真

2）多普勒扩散条件下解调性能仿真

性能仿真8：信号调制类型为2ASK，采样率为30MHz，符号率为0.5MHz，信号载频为线性调频，频率范围为11.5~12.5MHz，数据长度为1000个符号，E_s/n_0为3~12dB，仿真次数为1000次，仿真结果如图7.8(b)所示。

3）符号同步误差对解调性能的影响

性能仿真9：信号调制类型为2ASK，采样率为30MHz，符号率为0.5MHz，信号载频为12MHz，数据长度为1000个符号，E_s/n_0为10dB，仿真次数为1000次，相对符号同步误差为0~0.16，仿真结果如图7.9所示。

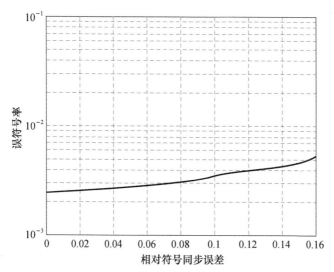

图7.9　符号同步误差对2ASK信号解调性能影响

4）仿真结果分析

基于时频脊系数曲线的ASK信号盲解调算法，可在3.6节所提供符号同步方法基础上完成。由图4.19、图7.9所示仿真结果表明，3.6节所实现的符号同步误差对ASK信号解调性能几乎没有影响。

此外，算法利用提取的时频脊系数曲线，能够完成多普勒扩散条件下的ASK信号解调。由图7.8(b)所示结果表明，当信噪比大于8dB

时,多普勒扩散效应使得解调性能略有下降。

7.6　本章小结

本章主要针对幅度调制、频率调制、相位调制的数字信号盲解调问题,基于这三类信号调制参数与时频脊线、时频差值脊线、时频脊系数曲线之间的内在联系,利用提取的时频特征曲线进行符号识别,进而完成盲解调处理。总体上说,算法具有以下特点:

(1)在无需载频同步等基础上,利用各类时频特征曲线能够较好地完成信号盲解调,并且具有较好的盲解调性能。除了 PSK 信号解调性能相较理论性能恶化 2dB 外,FSK、ASK 盲解调性能相较理论性能恶化都不超过 1dB。

(2)利用第 4 章所实现的符号率估计和符号同步性能,通过盲解调仿真,结果表明相应的符号率估计和符号同步性能,能够满足信号盲解调处理需求。

(3)基于时频差值脊线、时频脊系数曲线的盲解调方法,能够较好地适应多普勒扩散效应,且性能仅略有下降。

(4)本章提出的盲解调方法,可以与第 4、5、6 章开展的调制参数估计、调制类型识别进行一体化设计,从而提升整个处理流程的运算效率,这对于雷达信号的盲处理具有较好的处理优势。

第8章

辐射源个体识别特征提取

8.1 引　言

随着信息系统在战争中的广泛应用,通过对对方信息系统辐射电磁信号的搜索、截获、识别、定位和分析,确定电子信息系统与搭载平台之间的一一对应关系已成为近一段时期研究热点。在确定信息系统与目标平台之间关系之前,需要具有"将辐射源唯一电磁特征与辐射源个体关联起来的能力",也即美军所定义的辐射源个体识别技术。

而在对辐射源信号特征处理方面,可以概括为两大类特征:一类是辐射源的信源特征,也即辐射源的调制特征,这些特征都是人为控制的和可变的,具有不确定性,无法作为可靠的辐射源个体识别的依据。另一类就是辐射源信道特征。信道特征是辐射源在生成过程中,以及日后使用过程中引发的电子设备以及部分机械设备的参数不一致性,这种特征总体上来说是相对稳定的,具有与辐射源个体进行一一对应的关联能力,可作为个体识别的依据。

对于电磁辐射源个体识别特征研究,主要从以下几个方面开展:一是研究辐射源信号的暂态响应特征,如信号上升沿、下降沿特征等;二是研究与暂态响应相对应的稳态特征,如信号的包络特征、瞬时频率特征、瞬时相位特征、倒谱特征、分形特征;三是研究辐射源的非线性、非高斯特征,如信号包括的高阶矩 J 特征和峰度特征;四是与辐射源相关联的机械特征,如雷达天线的扫描周期特征。

8.2　个体识别特征产生根源及表现

辐射源电磁信号,从辐射源发射到接收系统接收,大的方面总共经历三个过程,即信号产生、信号传输、信号接收。在这三个阶段,信号都会由于某种原因受到某种附加调制。从目标个体识别角度看,信号传输空间和接收机所增加的附加调制是无用信息,甚至是一种干扰信息,因此,个体识别特征主要考虑发射系统所产生的附加调制。

8.2.1　个体识别特征产生的根源及表现

对于个体识别来说,其特征主要是由于辐射源信号在产生过程中,各种附加调制所引起的。一方面,这种附加调制是由于生产工艺不一致性所造成的,并且这种不一致性既是不希望发生的,又是难以消除的,通过对这种特征的提取,可以进行目标识别使得其可为非合作方利用,尤其在非合作目标的识别、分析和告警中具有巨大潜力;另一方面,相比较脉内人为调制,其调制量又要"细微"得多,很多文献中又称为"细微特征"或"指纹特征",其特征提取的难度、识别的复杂度方面,相对于脉内调制识别要难得多。

对于电磁信号发射系统来说,从信号产生到信号通过天线发射出去,会经历一个复杂过程,例如,正弦波信号产生、信号调制、信号变频、信号滤波、信号放大、信号合成、信号传输、信号发射等过程中,每一个元件、器件、传输线以及天线等,都有可能对信号造成附加调制,如在发射端表现为频推效应、频牵效应、频率抖动效应、幅度抖动效应、相位偏移效应、上升延迟、下降延迟和其他效应等。总结起来,这些附加调制可以归类为以下几种:

(1) 幅度附加调制,即信号幅度偏离理想的信号波形,如信号的上升沿特征、下降沿特征、幅度抖动特征等,主要由产生信号硬件电路参数不一致、宽带信号在不同频率点的匹配失衡等多种原因产生所致;

(2) 频率附加调制,即信号频率相对理想载频的偏离,主要表现为频率的偏移和抖动特征,主要由主控振荡器产生的频率不稳定等原因

所致;

（3）相位附加调制,即信号的相位偏离了理想的相位,主要表现为相位的偏移和抖动特征;

（4）信号的非线性和非高斯特性,即信号的频率、相位、幅度等由于晶体二极管、双结晶体管、场效应管等非线性器件造成非平稳、非线性、非高斯特性。

8.2.2 个体识别特征的原则和条件

个体识别特征,核心要求在于将一个辐射源个体与其他辐射源个体进行区分的特征,并且这种区分是建立在长期对目标特征提取与观测基础之上的。为了达到这个目的,确定个体识别特征应具有以下几个基本原则。

1. 稳定性

稳定性即该特征本身应稳定,不随温度、振动等环境因素而发生显著变化,不随使用的时间、搭载平台、环境发生较大变化,具有时不变性或者在相当长的时间内呈缓慢变化。

2. 可观测性

可观测性即该特征不仅存在,而且在现有的信号采集能力、一定信噪比条件下,该特征能够有效采集、提取和表征,如果该特征过于"微弱"而难以表征,则失去应用价值。

3. 可辨识性

可辨识性即该特征能够将一个具体辐射源与其他所有辐射源进行有效区分,唯一确定辐射源的身份信息,有时也称为唯一性。

在许多文章中,还将"普遍性"作为一个重要原则,也即该特征应该普遍存在于辐射源个体中,而不是仅仅存在于一部分个体中。对于这个原则其实过于苛刻,从个体识别现状看,一方面,没有一个能够放之四海而皆准的特征,为达到较好识别效果往往需要一个特征集合来完成,且也只能对部分辐射源有效;另一方面,随着生产工艺的提升,各类器件的一致性也越来越好,很多新型辐射源是难以进行个体识别的。

根据前面的介绍,个体特征相比较调制特征而言,其特征量更"小"、更细微,为有效提取个体特征,其条件相比调制特征提取更为苛刻和严格。

1. 高信噪比

由于个体识别特征更细微,其更容易被噪声所污染,因此应具有更好的信噪比条件,否则难以达到可观测原则。

2. 高采样率

只有具备了高采样率,才能够具有更好的频率分辨率和时间分辨率,才能够观测更"细微"的频率、相位和幅度变化。

3. 大样本数

一方面个体识别需要将同一型号辐射源不同个体进行有效区分,即需要大量同型号个体作为样本进行训练;另一方面特征稳定性也要求对同一样本进行多次观测,才能够确定该特征的有效性。

8.3 辐射源信号暂态响应特征

信号的暂态响应特征,主要是指信号产生后未达到稳定时的过渡状态,如开机、模式切换、频率切换、供电激励变化等过程的信号称为暂态信号,这种暂态响应主要决定于辐射源设备各种器件综合形成的充、放电时间与过程的差异性和具体指标上的离散性,这种差异性和离散性可作为目标个体识别依据。暂态响应主要包括上升沿特征、下降沿特征等。

8.3.1 暂态响应特征及其表征

在众多的暂态响应中,辐射源的开机和关机、频率跳变,以及信号的产生和截止段更为典型,如雷达脉冲信号开始段的上升沿和截止段的下降沿。为研究方便,本节主要以雷达信号的上升沿和下降沿为研究对象。

图 8.1(a)为理想的矩形雷达信号脉冲去除了载频等信息后的波形,但是真实雷达发射机是无法发射出这样脉冲的,实际的脉冲形状会如图 8.1(b)图所示,可以近似看作是梯形波。

在图 8.1(b)中,上升沿为信号产生点 A 到进入局部稳态的点 B 这一区间,而下降沿为信号局部稳态点 C 到截止点 D。

为有效表征上升沿和下降沿,从图中可看出,可以采用两种方法进行量化表示,一是时间信息;二是角度信息。

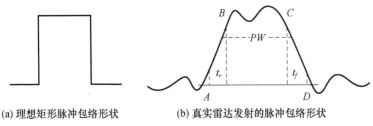

(a) 理想矩形脉冲包络形状   (b) 真实雷达发射的脉冲包络形状

图 8.1　理想的脉冲包络与实际脉冲包络

1. 上升时间和下降时间

上升沿时间为由点 A 到达点 B 的时间,即 t_r。

下降沿时间为由点 C 到达点 D 的时间,即 t_f。

2. 上升角度和下降角度

在有的情况下,脉冲上升时间和下降时间受到实际接收的信号入射角度、信号传输距离、信噪比等影响,不够稳定。为更准确地表达上升沿、下降沿趋势,还可以采用角度作为特征,即上升角度和下降角度,使用直线对上升沿和下降沿进行拟合,拟合所得的直线与时间轴所夹的锐角即为所定义的角度,如图 8.1(b) 中直线 AB 和 CD 为上升沿拟合直线以及下降沿拟合直线,$\angle BAD$ 和 $\angle CDA$ 为拟合上升沿夹角和拟合下降沿夹角。

8.3.2　暂态响应包络提取

对于图 8.1 中所示的暂态响应特征提取,首先要进行信号包络特征的提取。常用的包络分析方法有复调制法、全波整流法、检波滤波法、希尔伯特滤波法等。

1. 包络提取

在本书 2.6 节中,提出的时频脊系数曲线具有良好的信号幅度表达特征,且该特征对于信号频率的突变不敏感。

从图 8.2(b) 中可以看出,该包络信号受噪声干扰较为严重,不利于暂态响应特征的提取。为此,需要对提取的时频脊系数曲线进行去

175

噪处理,关于这方面研究很多,其中效果较好的一种方法是采用小波变换去噪方法。

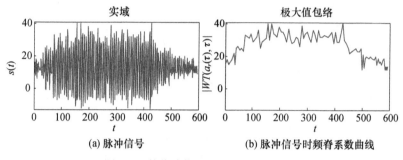

(a) 脉冲信号   (b) 脉冲信号时频脊系数曲线

图 8.2　某脉冲信号及时频脊系数曲线

2. 小波去噪

一个含噪声的一维信号的模型可表示为

$$s(k) = f(k) + \varepsilon \cdot e(k) \tag{8-1}$$

式中:$f(k)$ 为真实信号;$e(k)$ 为噪声信号;$s(k)$ 为含噪信号。

在小波去噪算法中,小波函数多采用 haar、symlets 等小波,并按照如下流程进行:

首先选定进行去噪的小波函数和分解层数 N,然后对实际信号进行小波分解。

其次根据分解的结果,确定阈值,利用阈值对小波分解的高频系数进行门限阈值量化处理。其原因在于信号包络多为缓变的,在频域上主要体现在低频系数中,而低频系数对应的信号带宽要比高频系数的带宽窄得多,由于噪声是在频域上是均匀分布的,如图 8.3 所示,通过对高频系数进行门限阈值量化处理,可以最大限度去除噪声影响而保留包络信息。

最后,根据小波分解的第 N 层低频系数和经过门限阈值量化处理后的 1～N 层高频系数进行小波重构,从而达到消除噪声的目的。

利用该算法,通过对图 8.2(b) 的时频脊系数曲线进行去噪,得到图 8.4 所示的包络曲线。

图 8.5 所示某型雷达两个个体的上升沿包络特征曲线,从图中看出,这两个雷达个体具有较好的分离特性,能够进行个体识别。

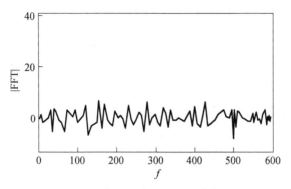

图 8.3　信号包络噪声频谱分布图

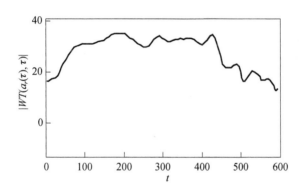

图 8.4　时频脊系数曲线去噪后包络曲线

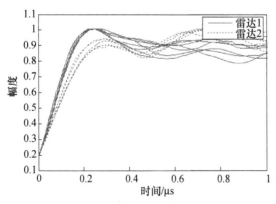

图 8.5　某型雷达两个个体的上升沿包络特征

8.3.3　暂态响应特征提取

根据 8.3.1 节中提出的暂态响应特征表征方法,可以用上升时间和下降时间,以及上升角度和下降角度来表示。

其中上升角度可以由下式得到:

$$atan \angle ABC = AC/BC \qquad (8-2)$$

如图 8.6(b)所示,上升时间为 BC 所对应时间,下降沿时间和下降角同理。

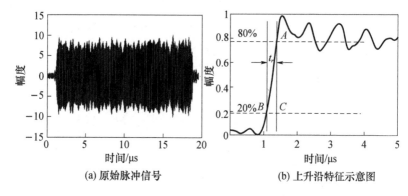

(a) 原始脉冲信号　　　　　(b) 上升沿特征示意图

图 8.6　某一脉冲信号及其上升沿特征示意图

在提取上升沿特征和下降沿特征时,需要做两方面预处理:

一是要设置合理的起始点和截止点标准。在信号采集过程中,在脉冲信号未出现阶段,如果起始点过低,脉冲振荡效应会导致选择错误的起始点,从而导致上升沿和下降沿特征计算错误。如图 8.7 所示,当起始水平过低,会导致起始点选择为虚假点 B',而不是点 B。在低信噪比条件下更为严重。

二是要对幅度进行归一化处理。在式(8-2)中,BC 只与上升时间有关,而 AB 却与信号的幅度/功率相关。归一化处理就是要抵消功率变化对上升角的影响。

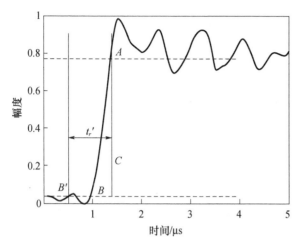

图 8.7　起始点不正确时产生虚假上升沿特征示意图

8.4　辐射源信号的稳态特征

这里的辐射源信号稳态特征是相比较暂态响应特征来说的。对于雷达信号来说,稳态特征指信号过了上升期但还未到下降期阶段所表现出来的个体识别特征,如图 8.8 所示。

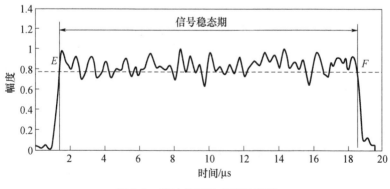

图 8.8　脉冲信号稳态期示意图

8.4.1 包络稳态特征

包络稳态特征主要包括顶部多项式特征和包络波动标准差特征。

1. 顶部包络多项式特征

在确定了信号稳态区间 EF 之后,假定 EF 共有 N 个采样点,对该曲线进行多项式拟合,得到下式中的多项式曲线(图 8.8 中拟合为一条直线)。

$$x(t) = p_1 t^n + p_2 t^{n-1} + \cdots + p_{n-1} t^2 + p_n t + p_{n+1} \quad (t = 1, 2, \cdots, N)$$

$$(8-3)$$

式中:$[p_1, p_2, \cdots, p_{n+1}]$ 为顶部多项式特征。

2. 包络波动特征

包络波动特征主要通过归一化后采样序列的标准差来表示。如图 8.8 所示,各采样点为 $x(t), t = 1, 2, \cdots, N$,归一化后的序列为 $y(t), t = 1, 2, \cdots, N$,则顶部标准差为

$$\sigma = \sqrt{\frac{\sum_{i=1}^{N} [x(t) - y(t)]^2}{N}} \quad (t = 1, 2, \cdots, N) \quad (8-4)$$

8.4.2 瞬时相位特征

瞬时相位特征,反映的是在稳态区,瞬时频率与理想相位的偏移情况。瞬时相位主要适用于无脉内调制的雷达信号,图 8.9 所示为某型雷达两个个体信号瞬时相位曲线比较图。

为有效表达瞬时相位与理想相位偏移情况,可用三个参量来表示:瞬时相位最大偏移量、瞬时相位平均偏移量、瞬时相位方差。

为能够提取到图 8.9 所示的瞬时相位曲线,需要经过以下处理步骤:

(1)进行中频信号载频估计,利用估计的载频 $\hat{\omega}$,将信号进行下变频后,计算信号的瞬时相位;

(2)通过对下变频信号的瞬时相位进行处理,估计其残留频偏,再次进行下变频,将信号变换到零中频;

（3）对瞬时相位曲线进行校准。

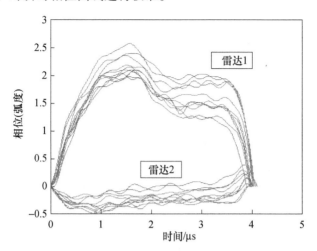

图 8.9　某型雷达两个个体信号瞬时相位曲线比较图

在估计信号载频过程中,本书主要在计算信号瞬时频率(时频脊线)基础上,通过对瞬时频率求平均,得到载频估计值 $\hat{\omega}$,具体过程如图 8.10 所示。

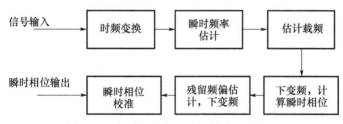

图 8.10　信号瞬时相位曲线估计基本流程

8.4.3　瞬时频率特征

瞬时频率特征反映的是在稳态区瞬时频率与理想频率的偏移情况,可以作为个体识别的依据。对于无脉内调制的雷达脉冲信号,其处理过程及原理同瞬时相位相似,相应的特征量也包括瞬时频率平均偏移量、瞬时频率方差。

181

而对于频率编码或者相位编码的雷达或通信信号,由于频率编码跳变和相位跳变,会导致其理想瞬时频率也是非固定的,相应的瞬时频率偏移情况需要做进一步的处理才能够得到。

1. 相位编码信号瞬时频率频移特征估计

由式(3-34)和图3.14可知,当信号存在相位突变时,在相位突变点会发生频率的畸变,除此之外的其他时刻,其瞬时频率的理论值应该与信号载频保持相对一致。

在实际的信号分析过程中,由于时频窗口具有一定支撑域,使得相位突变点相邻的若干采样点的瞬时频率也会受到相位跳变的"污染",无法通过隔离相位跳变点方式来准确测定瞬时频率对理想载频的偏移情况。因此,需要选择若干段在较长时间内无相位跳变信号作为样本,对瞬时频率的平均偏移量和方差进行统计分析和估计,得到相应的特征值,并与其他个体进行统计、比较分析,进行个体识别。

2. 频率编码信号瞬时频率频移特征估计

由式(3-35)和图3.15可知,频率编码信号在多个与信息码元相对应的载频来回切换。同时,在码元切换相邻的若干采样点的瞬时频率也会受到频率跳变的"污染",也无法通过对单个信息码元内的瞬时频率的统计来准确测定瞬时频率对理想载波的偏移情况。为使得算法具有稳健性,可以选择若干段较长时间内无载频跳变的信号作为样本,对其瞬时频率进行统计分析。

在统计分析瞬时频率对理想载频频移过程中,可以通过两种方式来估计,一是按照与码元信息相对应的载频分别统计瞬时频率偏移情况;二是通过进一步的信号处理,剔除与码元信息相关联的频率固定偏移量的影响,统一分析辐射源的载频偏移情况。

8.4.4　信道倒谱特征

倒谱在信号处理有着广泛的用途,它主要的功能是可以线性分离经卷积后的两个或多个分别的信号。这对于辐射源个体识别来说,具有重要意义。

辐射源发射的信号可以看作由两个过程相互作用而形成的。第一个过程为信号源产生的标准源,另一个过程为标准源信号经过信号调制、变频、滤波、放大、传输等过程,与辐射源信道的冲激响应(由信号调制、变频、滤波、放大、传输等共同构成)进行卷积而成。由于倒谱处理能够有效分离两个卷积信号,也即可以将辐射源发射信号中的信源特征和信道特征进行有效分离,分离出的信道特征就是辐射源的个体识别特征。

根据信道与信源卷积原理,接收机接收到的任何一个信号 $x(t)$,都可以表示为

$$x(t) = s(t) * h_1(t) * h_2(t) * h_3(t) \qquad (8-5)$$

式中:$s(t)$ 为信源产生的信号;$h_1(t)$ 为辐射源信道的冲激响应;$h_2(t)$ 为自由空间信道的冲激响应;$h_3(t)$ 为接收机系统信道的冲激响应。

对式(8-5)两边进行傅里叶变换,根据卷积定理,时域中的卷积关系将转化成频域中的相乘关系:

$$X(f) = S(f) \times H_1(f) \times H_2(f) \times H_3(f) \qquad (8-6)$$

式中:$S(f)$ 为理想信源信号的频谱;$H_1(f)$ 为辐射源信道冲激响应的频谱;$H_2(f)$ 为自由空间信道冲激响应的频谱;$H_3(f)$ 接收系统信道冲激响应的频谱。

对于自由空间来说,如果没有多径效应等复杂环境影响,$H_2(f)$ 是一个相对稳定的常量。对于频率相近的信号来说,同一个接收机的 $H_3(f)$ 也为相对稳定的常量,$H_1(f)$ 则是变量,而 $S(f)$ 可以通过第4、5、6、7章的信号处理技术,将信号调制类型、调制参数和调制码等信息准确估计后,能够准确反演出理想的标准源信号 $s(t)$,并通过对 $s(t)$ 进行傅里叶变换得到 $S(f)$。唯一不确定的是 $H_1(f)$。

通过将式(8-10)两边取对数,得

$$\ln X(f) = \ln S(f) + \ln H_1(f) + \ln H_2(f) + \ln H_3(f) \qquad (8-7)$$

式(8-6)右边的乘法性频谱变成了加法性频谱,通过将式(8-7)两边同时减去估计得到的 $S(f)$,则得

$$\ln X(f) - \ln S(f) = \ln H_1(f) + \ln H_2(f) + \ln H_3(f) \qquad (8-8)$$

式(8-8)右边仅剩 $\ln H_1(f)$、$\ln H_2(f)$、$\ln H_3(f)$ 三项,而 $H_2(f)$、$H_3(f)$ 相对稳定,唯一变量则为 $\ln H_1(f)$。通过对不同辐射源分析得到的倒谱特征 $\ln X(f) - \ln S(f)$ 进行比较分析与统计,可得到相应的辐射源个体特征。

8.4.5　包络分形特征

分形是对没有特征长度但具有一定意义下的自相似图形和结构的总称,具有统计意义下的自相似性,是一个研究非平稳信号波形复杂度的重要工具,是分析寄生调制特征的重要工具,在辐射源细微特征研究中得到广泛应用。

分形维数可定量描述分形集的复杂性,包括盒维数、信息维数等特征。其中,盒维数反映了分形集的几何尺度情况,信息维数能够反映出分形集在分布上的信息。

1. 盒维数特征

盒维数特征是分形理论中应用最广的特征之一。计算盒维数基本方法是取一个边长为 ε 的小盒子,把分形集覆盖起来,由于分形内部有各种大小的空白和缝隙,部分盒子是空的,部分盒子覆盖了分形集的元素,非空盒子的数目记为 N_ε,随着 ε 减小,N_ε 不断增大,当 $\varepsilon \to 0$ 时,得到相应的分形维数:

$$D_b = \lim_{\varepsilon \to 0} \frac{\ln N_\varepsilon}{\ln(1/\varepsilon)} \tag{8-9}$$

对于信号包络的盒维数提取,其计算方法如下:

首先,提取信号包络序列,记为 $\{x(i), i = 1, 2, \cdots, N\}$,$N$ 为序列长度;

其次,将序列 $\{x(i)\}$ 置于单位正方形内,横坐标最小间隔为 $\varepsilon = 1/N$,令

$$N_\varepsilon = N + \left\{ \sum_{i=1}^{N-1} \max[x(i), x(i+1)]\varepsilon - \min[x(i), x(i+1)]\varepsilon \right\} / \varepsilon^2 \tag{8-10}$$

则相应的信号包络盒维数可由式(8-9)得到。

2. 信息维数特征

信息维数反映了分形集在区域空间内的分布疏密特征。计算信息维数基本方法是:将每个边长为 ε 的小盒子进行编号,共有 N 个小盒子,并记分形集合中元素落入第 i 个小盒子的概率为 P_i,则利用尺度为 ε 小盒子测算的信息熵为

184

$$I = -\sum_{i=1}^{N} P_i \ln P_i \qquad (8-11)$$

若用信息熵 I 取代小盒子数 N 的对数,则可得到信息维数 D_I 的定义:

$$D_1 = \lim_{\varepsilon \to 0} \frac{-\sum_{i=1}^{N} P_i \ln P_i}{\ln(1/\varepsilon)} \qquad (8-12)$$

对于信号包络的信息维数提取,其计算方法如下:

首先,提取信号包络序列,记为 $\{x(i), i=1,2,\cdots,N\}$, N 为序列长度;

其次,将序列 $\{x(i)\}$ 按照下面方法进行重构:

$$x_0(i) = x(i+1) - x(i) \quad (i=1,2,\cdots,N) \qquad (8-13)$$

令 $X = \sum_{i=1}^{N-1} x_0(i)$, $P_i = -\dfrac{x_0(i)}{X}$,那么相应的信息维数为

$$D_I = -\sum_{i=1}^{N} P_i \ln P_i \qquad (8-14)$$

8.5 辐射源信号的非线性、非高斯等特征

在雷达与通信系统中,使用了大量的非线性器件,这些非线性器件会造成信号的非平稳、非高斯、非线性特点,使得高阶矩特征和峰值特征具有明显差异。

8.5.1 信号包络高阶矩 J 特征

假定接收机接收到的信号为

$$x(t) = s(t) + v(t) \qquad (8-15)$$

式中: $x(t)$ 为信号; $v(t)$ 为噪声。信号与噪声不相关,噪声 $v(t)$ 服从 $N(0, \sigma_v^2)$ 分布。

$$s(t) = a(t)\cos(2\pi f t + \varphi(t)) \qquad (8-16)$$

式中: $a(t)$ 为信号包络; f 为信号频率; $\varphi(t)$ 为信号相位。则截获到的信号(含噪声)包络为

$$\xi(t) = \sqrt{x^2(t) + \hat{x}^2(t)} \qquad (8-17)$$

式中：$\hat{x}(t)$ 为 $x(t)$ 的希尔伯特变换。则信号包络的二阶矩为

$$
\begin{aligned}
m_2 &= E[\xi^2(t)] = E[x^2(t) + \hat{x}^2(t)] \\
&= E[[s(t) + v(t)]^2 + [\hat{s}(t) + \hat{v}(t)]^2] \\
&= E[s^2(t) + v^2(t) + \hat{s}^2(t) + \hat{v}^2(t) + 2s(t)v(t) + 2\hat{s}(t)\hat{v}(t)] \\
&= E[s^2(t)] + 2E[v^2(t)] = E[a^2(t)] + 2\sigma_v^2 \qquad (8-18)
\end{aligned}
$$

同理可得信号包络的四阶矩为

$$m_4 = E[x^4(t)] = E[a^4(t)] + 8\sigma_v^2 E[a^2(t)] + 8\sigma_v^4$$

$$(8-19)$$

根据式(8-18)、式(8-19)，定义信号包络的高阶矩特征 $J_{m_2m_4}$ 为

$$
\begin{aligned}
J_{m_2m_4} &= m_4 - 2(m_2)^2 = E[\xi^4(t)] - 2E[\xi^2(t)]^2 \\
&= E[a^4(t)] - 2E^2[a^2(t)] \qquad (8-20)
\end{aligned}
$$

从高阶矩特征 $J_{m_2m_4}$ 可见，它保留了包络的信号特征，而消除了高斯噪声的影响。

此外，在有的文献中还将信号包络的差分的 J 特征作为个体识别特征，对信号包络进行一阶差分为

$$\varepsilon(i) = \xi(i) - \xi(i+1) \qquad (8-21)$$

对 $\varepsilon(i)$ 求高阶矩特征 $J_{m_2m_4}$，定义脉冲包络的差分 $J_{m_2m_4}$ 特征为

$$DJ = \log_{10} J_{m_2m_4}(\varepsilon(i)) \qquad (8-22)$$

8.5.2　信号包络的峰度特征提取技术

峰度作为分析样本高斯性的描述，能够反映信号偏离高斯信号的程度，常用于对信号的检测分析以及盲源分离。本书认为信号分析样本偏离高斯信号的程度应该是有规律的，峰度特征可作为个体识别特征的探讨。

对于一个信号包络 $x(t)$，信号包络的二阶矩和四阶矩分别为 m_2 和 m_4，则峰度特征可表示为

$$k_x = \frac{m_4}{m_2^2} - 3 \qquad (8-23)$$

由式(8-18)、式(8-19)，可得

$$k_x = \frac{E[a^4(t)] + 8\sigma_v^2 E[a^2(t)] + 8\sigma_v^4}{\{E[a^2(t)] + 2\sigma_v^2\}^2} - 3 \qquad (8-24)$$

当 $k_x = 0$ 时，$x(t)$ 为高斯信号；当 $k_x > 0$ 时，$x(t)$ 为超高斯信号；当 $k_x < 0$ 时，$x(t)$ 为亚高斯信号。

由式(8-24)可知，要计算出峰度值，首先对信号的信噪比进行较为准确的估计。

8.6　机械扫描雷达扫描周期特征

8.6.1　圆周扫描雷达的扫描周期特征

圆周扫描雷达在雷达中所占比重较大，应用广泛。常见的有两坐标监视雷达，其主要用途是监视、发现空中(或海面)目标，并测量目标的距离和方位；其特点是方位为窄波束，垂直为宽波束，雷达天线在方位上机械旋转，使波束在方位上作 360° 扫描，从而搜索全空域。

对于圆周扫描雷达，扫描周期是其一个重要的指标参数，工程上也常用天线转速来描述这一指标。远程对空监视(警戒)雷达的天线转速通常在 $3 \sim 6\mathrm{r/min}$；中程两坐标监视雷达的天线转速多为 $6 \sim 12\mathrm{r/min}$，近程两坐标监视雷达则为 $20 \sim 60\mathrm{r/min}$。雷达的扫描周期相当于雷达监视采样时间，与其作用距离、用途具有直接相关性，是雷达侦察的重要指标之一。

雷达个体的扫描周期具有稳定性，同时，相比于电扫方式，机械扫描有其固有的特点，同型雷达的扫描周期一致性不可能做到电扫雷达那么精密控制，即使是同批次生产的，由于个体的机械控制差异，也会存在不同个体的差异性。机械扫描雷达的扫描周期的稳定性和差异性，也说明其具有作为个体识别特征的可行性。通过对部分雷达实测信号扫描周期的估计，各雷达的扫描周期的个体稳定性较好，在 10ms 量级，而不同个体的扫描周期差异性一般在 50ms 量级以上，扫描周期可作为个体特征。

8.6.2　圆周扫描雷达扫描周期的计算

本节介绍一种基于星载侦察数据的圆周扫描雷达的扫描周期精确计算的方法。利用卫星在大的俯仰角下多个雷达扫描周期里截获雷达主波束信号的时间信息，可以计算出雷达的扫描周期。

1. 扫描周期算法

如图 8.11 所示，O 点为地球球心，P 点为目标雷达位置，A、B、C、D 为卫星侦收到雷达主波束四个时刻位置，其与球心连线交地球表面于 E、M、N、F 四点。

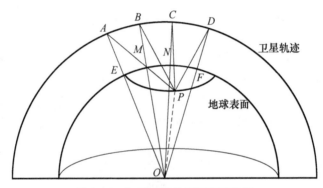

图 8.11　扫描周期估计原理示意图

假定 1：E、M、N、F 即为 A、B、C、D 的星下点（卫星在地表的垂直投影点）。

假定 2：雷达以 OP 为轴匀速圆周扫描。

由假定可知，$AEOP$ 面、$BMOP$ 面、$CNOP$ 面、$DFOP$ 面均为雷达的波束面。面的夹角即为雷达扫过的角度。

地球表面上 E、M、N、F 四点经纬度已知，纬度、经度分别为 (φ_E, λ_E)，(φ_M, λ_M)，(φ_N, λ_N)，(φ_F, λ_F)，P 点纬度、经度为未知数，设为 (φ_p, λ_p)。

因位置信息为地理坐标经纬度，很难进行运算，因此，根据已知条件和实际需要，应将地理坐标转换为地心坐标，设转换成直角坐标后分别为 $O(0,0,0)$，$E(x_E, y_E, z_E)$，$M(x_M, y_M, z_M)$，$N(x_N, y_N, z_N)$，$F(x_F, y_F,$

z_F), $P(x_P, y_P, z_P)$。

依据各点坐标,可确定各平面的平面方程,依据平面方程,可计算出:$AEOP$ 面与 $BMOP$ 面夹角 α、$BMOP$ 面与 $CNOP$ 面夹角 β、$CNOP$ 面与 $DFOP$ 面夹角 γ。

设卫星在 A、B、C、D 点收到雷达主波束,时刻为 T_A、T_B、T_C、T_D,雷达发射信号到卫星收到电磁波的时长分别为 $\Delta t_A = AP/c$,$\Delta t_B = BP/c$,$\Delta t_C = CP/c$,$\Delta t_D = DP/c$。c 为电磁波在大气中传播速度,则雷达发射电磁波时刻分别为

$$t_A = T_A - \Delta t_A = T_A - AP/c \qquad (8-25)$$

$$t_B = T_B - \Delta t_B = T_B - BP/c \qquad (8-26)$$

$$t_C = T_C - \Delta t_C = T_C - CP/c \qquad (8-27)$$

$$t_D = T_D - \Delta t_D = T_D - DP/c \qquad (8-28)$$

则雷达发射四个主波束间隔时长为 $t_{BA} = t_B - t_A$,$t_{CB} = t_C - t_B$,$t_{DC} = t_D - t_C$。

雷达周期设为 T,在三段的整周期数分别为 n_{BA}、n_{CB}、n_{DC},在三段时间内,卫星运动运动时间为 $t_\alpha = |t_{BA} - n_{BA}T|$,$t_\beta = |t_{CB} - n_{CB}T|$,$t_\gamma = |t_{DC} - n_{DC}T|$,由空间对应关系可知:

$$\frac{\alpha}{2\pi} = \frac{t_\alpha}{T} \qquad (8-29)$$

$$\frac{\beta}{2\pi} = \frac{t_\beta}{T} \qquad (8-30)$$

$$\frac{\gamma}{2\pi} = \frac{t_\gamma}{T} \qquad (8-31)$$

通过对截获信号分析得到 n_{BA}、n_{CB}、n_{DC},根据侦察系统时间信息可得到 T_A、T_B、T_C、T_D,通过求解式(8 – 25)~式(8 – 31),即可得出雷达位置经纬度(φ_p、λ_p)、雷达扫描周期 T。

2. 误差分析

设卫星在 A、B、C、D 点收到雷达主波束的四个时间 T_A、T_B、T_C、T_D。假定时间误差为 $0 \sim 0.9\text{s}$,可以得到到达时间误差对扫描周期的影响,如图 8.12 所示。

分析图 8.12 可知,一是 B 点和 C 点时间误差对扫描周期估计精

189

度影响较小,而 A 点和 D 点的影响相对较大;二是即使当 A 点和 D 点时间误差小于 0.9s 时,相应的扫描周期估计精度也能够控制在 6ms 以内。根据现阶段接收机时统水平,对扫描周期的估计精度可以控制在 2ms 以内。

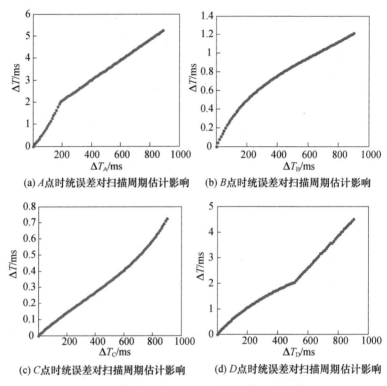

(a) A 点时统误差对扫描周期估计影响

(b) B 点时统误差对扫描周期估计影响

(c) C 点时统误差对扫描周期估计影响

(d) D 点时统误差对扫描周期估计影响

图 8.12 到达时间误差对扫描周期影响仿真

8.7 本章小结

辐射源个体识别特征是信号产生过程中由于各种器件不一致性引起的附加调制特征,对于辐射源生产者来说这种特征实际上是不希望出现的"副产品",应尽量避免,而对于非合作方而言,这是特别希望利用的特征。因此,这就构成了一对矛盾对立双方。

从事物发展规律来看,矛盾对立双方将在矛盾的冲突中不断取得进步。对于利用辐射源个体特征的一方来说,不断研究新算法,寻找新的个体识别特征,不断扩大个体识别特征的特征集合个数并提升个体特征的检测精确度,从而提高对辐射源目标的个体识别能力;而对于辐射源一方来说,将不断通过提高生产工艺,减少不同个体之间的差异性,以减少可利用的个体识别特征数量以降低个体辨识度,从而削弱对手对辐射源目标的个体识别能力。

第9章

基于迭代结构的时频函数快速算法

9.1 引　言

本书针对 morlet 小波函数在自主无线电信号分析方面的优势以及指数遗忘分布可进行迭代计算的特点,利用指数遗忘分布结构的窗函数对 morlet 小波函数进行了改进,对改进后的 morlet 小波推导了快速算法,并根据相容性条件提出了小波函数的参数设置方法。

morlet 小波变换由于具有多分辨率、Q 值恒定、中心频率可调、低旁瓣等优点,在盲信号分析中具有相对的优势而得到广泛运用,本书中第 3、4 章中也分别基于 morlet 小波变换完成了信号符号率估计、调制类型识别、解调等盲处理过程。

与此同时,morlet 小波变换也具有小波时频分析方法共有的弱点:运算复杂度高,这也一直是小波变换在盲处理工程应用上的一个瓶颈。虽然本书在符号率估计、调制类型识别、盲解调等处理过程重复利用了时频脊线和载频时频曲线信息,提高了运算效率,但是时频脊线的提取仍然要通过二维时频计算得到,在二维时频平面上,每一个"时频点"的获得都是通过积分运算获得,运算复杂度大。并且,小波变换时频分析方法所需的高采样率前提条件使得运算复杂度问题更加突出。此外,小波变换也常常被用于信号"细微特征"的提取,由于"特征"是"细微"的,其处理的前提条件就是高分辨率,这也意味着需要小波函数的大支撑域和大的运算量。

因此,如何降低基于小波变换的信号处理运算量成为小波变换在自主无线电信号处理领域由理论研究到工程实现的关键,对于本书所研究信号自主处理方法及其工程应用也都具有特殊意义。

9.2　指数遗忘分布及其快速算法

morlet 小波函数最重要的一个特征是在正弦信号 $e^{j\omega\varphi t}$ 上加载了一个窗函数 $e^{-t^2/k}$。小波变换等效于小波函数与信号之间的卷积,而其运算复杂度则与小波函数的支撑域(或者是窗口长度)成正比。

如何在不减小小波函数支撑域的条件下提高小波变换的运算复杂度呢? 唯一的办法就是采用迭代算法,也即利用小波变换系数在时间上的相关性,后一时刻小波系数利用前一时刻计算结果和更新数据的加权结果得到。

文献[161,162]中提出了指数遗忘分布(也即单边指数形状的计算窗口),假定信号分析函数为指数遗忘分布 $e^{-\lambda t}(0 \le t \le t_N)$,在利用该分布函数进行信号卷积变换时,可得

$$f(N) = \sum_{\tau=0}^{N} e^{-\lambda(N-\tau)} x(\tau),0 < \tau \le N \qquad (9-1)$$

式中: $x(t)$ 为信号。由于指数遗忘分布 $e^{-\lambda t}$ 在时间上具有相关性,即 $e^{-\lambda(N+1-\tau)} x(\tau) = e^{-\lambda(N-\tau)} x(\tau) e^{-\lambda}$,则由式(9-1),可得

$$\begin{aligned}
f(N+1) &= \sum_{\tau=1}^{N+1} e^{-\lambda(N+1-\tau)} x(\tau) \\
&= f(N) e^{-\lambda} + x(N+1) - x(0) e^{-\lambda(N+1)} \qquad (9-2)
\end{aligned}$$

比较式(9-1)、式(9-2)可以看出,式(9-1)计算需要进行 $N+1$ 次乘法运算和 N 次加法运算。而在式(9-2)中,无论信号分析的时域宽度 N 为多少,其只需进行两次乘法和两次加法即可完成。当 N 很大时,运算量将大大降低。

9.3　基于指数结构的小波函数快速算法

由式(9-1)、式(9-2)还可以看出,只要进行卷积计算的函数能

够表达成一次指数形式或者多个一次指数和的形式,都可以采用迭代算法进行快速运算。

morlet 小波函数是由一次指数项 $e^{j\omega\varphi t}$ 和一个窗函数 $e^{-t^2/k}$ 构成,如果窗函数 $e^{-t^2/k}$ 能够修正为一次指数函数或者多个一次指数函数和形式,则修正后的 morlet 小波变换也完全可以采用迭代算法进行快速运算。能够表达成一次指数函数之和的具有对称特征的窗函数包括余弦型、升余弦型、双指数型等。

9.3.1 余弦型窗函数及其快速算法

余弦型窗函数的标准小波形式为

$$\varphi(t) = \cos(\lambda t)e^{j\omega_0 t}, \quad -\pi/2 \leqslant \lambda t \leqslant \pi/2 \qquad (9-3)$$

则子小波函数为

$$
\begin{aligned}
\varphi_{a\tau}(t) &= \frac{1}{a}\cos\left(\lambda\,\frac{t-\tau}{a}\right)e^{j\omega_0\frac{t-\tau}{a}} \\
&= \frac{1}{2a}(e^{j(\omega'_0+\lambda')(t-\tau)} + e^{j(\omega'_0-\lambda')(t-\tau)}) \qquad (9-4)
\end{aligned}
$$

其中,$\lambda' = \lambda/a$,$\omega_0' = \omega_0'/a$。针对不同尺度 a,需要计算不同 λ' 和 ω_0' 下的 $x(t)$ 小波变换。

基于式(9-4)的 morlet 小波函数经过离散化后得到的离散小波变换形式为

$$WT_{\cos}(\omega'_0,n) = \frac{1}{2a}\sum_{m=n-N}^{n+N} x(m)(e^{j(\omega'_0+\lambda')(m-n)} + e^{j(\omega'_0-\lambda')(m-n)})$$

$$= \frac{1}{2a}\sum_{m=n-N}^{n+N} x(m)e^{j(\omega'_0+\lambda')(m-n)} + \frac{1}{2a}\sum_{m=n-N}^{n+N} x(m)e^{j(\omega'_0-\lambda')(m-n)}, 2N\lambda' \leqslant \pi$$

$$(9-5)$$

令

$$WT_{\cos}(\omega'_0,n) = WT1_{\cos}(\omega'_0,n) + WT2_{\cos}(\omega'_0,n) \qquad (9-6)$$

其中,

$$WT1_{\cos}(\omega'_0,n) = \frac{1}{2a}\sum_{m=n-N}^{n+N} x(m)e^{j(\omega'_0+\lambda')(m-n)} \qquad (9-7)$$

$$WT2_{\cos}(\omega'_0,n) = \frac{1}{2a}\sum_{m=n-N}^{n+N} x(m)e^{j(\omega'_0-\lambda')(m-n)} \qquad (9-8)$$

可得

$$WT1_{\cos}(\omega'_0, n) = \frac{1}{2a}\sum_{m=n-N}^{n+N} x(m)\,\mathrm{e}^{\mathrm{j}(\omega'_0+\lambda')(m-n)}$$

$$= \frac{1}{2a}\sum_{m=n-N}^{n+N} x(m)\,\mathrm{e}^{\mathrm{j}(\omega'_0+\lambda')(m-n-1)}\,\mathrm{e}^{\mathrm{j}(\omega'_0+\lambda')}$$

$$= \frac{1}{2a}\sum_{m=n-N+1}^{n+N+1} x(m)\,\mathrm{e}^{\mathrm{j}(\omega'_0+\lambda')(m-n-1)}\,\mathrm{e}^{\mathrm{j}(\omega'_0+\lambda')}$$

$$+ \frac{1}{2a}x(n-N)\,\mathrm{e}^{\mathrm{j}(\omega'_0+\lambda')(-N)}$$

$$- \frac{1}{2a}x(n+N+1)\,\mathrm{e}^{\mathrm{j}(\omega'_0+\lambda')(N+1)}$$

$$= WT1_{\cos}(\omega'_0, n+1)\,\mathrm{e}^{\mathrm{j}(\omega'_0+\lambda')}$$

$$+ \frac{1}{2\sqrt{a}}x(n-N)\,\mathrm{e}^{\mathrm{j}(\omega'_0+\lambda')(-N)}$$

$$- \frac{1}{2\sqrt{a}}x(n+N+1)\,\mathrm{e}^{\mathrm{j}(\omega'_0+\lambda')(N+1)} \qquad (9-9)$$

由式(9-9)可得

$$WT1_{\cos}(\omega'_0, n+1) = WT1_{\cos}(\omega'_0, n)\,\mathrm{e}^{-\mathrm{j}(\omega'_0+\lambda')}$$

$$- \frac{1}{2a}x(n-N)\,\mathrm{e}^{\mathrm{j}(\omega'_0+\lambda')(-N-1)} + \frac{1}{2a}x(n+N+1)\,\mathrm{e}^{\mathrm{j}(\omega'_0+\lambda')(N)}$$

$$(9-10)$$

同理可得

$$WT2_{\cos}(\omega'_0, n+1) = WT2_{\cos}(\omega'_0, n)\,\mathrm{e}^{-\mathrm{j}(\omega'_0-\lambda')}$$

$$- \frac{1}{2a}x(n-N)\,\mathrm{e}^{\mathrm{j}(\omega'_0-\lambda')(-N-1)} + \frac{1}{2a}x(n+N+1)\,\mathrm{e}^{\mathrm{j}(\omega'_0-\lambda')(N)}$$

$$(9-11)$$

9.3.2 升余弦型窗函数及其快速算法

升余弦型窗函数的标准小波形式为

$$\varphi(t) = (1 + \cos(\lambda t))\,\mathrm{e}^{\mathrm{j}\omega_0 t} \qquad -\pi \leqslant \lambda t \leqslant \pi \qquad (9-12)$$

子小波函数可表示为

$$\varphi_{a\tau}(t) = \frac{1}{a}\Big(1 + \cos\Big(\lambda\,\frac{t-\tau}{a}\Big)\Big)\mathrm{e}^{\mathrm{j}\omega_0\frac{t-\tau}{a}}$$

$$= \frac{1}{2a}\big(\mathrm{e}^{\mathrm{j}(\omega'_0+\lambda')(t-\tau)} + \mathrm{e}^{\mathrm{j}(\omega'_0-\lambda')(t-\tau)} + 2\mathrm{e}^{\mathrm{j}\omega'_0(t-\tau)}\big)$$

$$(9-13)$$

其中，$\lambda' = \lambda/a$，$\omega_0' = \omega_0'/a$。则基于式（9 – 13）的离散小波变换形式为

$$WT_{r\cos}(\omega'_0,n) = \frac{1}{2a}\sum_{m=n-N}^{n+N} x(m)\big(\mathrm{e}^{\mathrm{j}(\omega'_0+\lambda')(m-n)} + \mathrm{e}^{\mathrm{j}(\omega'_0-\lambda')(m-n)} + 2\mathrm{e}^{\mathrm{j}\omega'_0(m-n)}\big)$$

$$= \frac{1}{2a}\sum_{m=n-N}^{n+N} x(m)\mathrm{e}^{\mathrm{j}(\omega'_0+\lambda')(m-n)} + \frac{1}{2a}\sum_{m=n-N}^{n+N} x(m)\mathrm{e}^{\mathrm{j}(\omega'_0-\lambda')(m-n)}$$

$$+ \frac{1}{a}\sum_{m=n-N}^{n+N} x(m)\mathrm{e}^{\mathrm{j}\omega'_0(m-n)},\ 2N\lambda' \leqslant 2\pi \qquad (9-14)$$

令

$$WT_{r\cos}(\omega'_0,n) = WT1_{r\cos}(\omega'_0,n) + WT2_{r\cos}(\omega'_0,n) + WT3_{r\cos}(\omega'_0,n)$$

$$(9-15)$$

其中，

$$WT1_{r\cos}(\omega'_0,n) = \frac{1}{2a}\sum_{m=n-N}^{n+N} x(m)\mathrm{e}^{\mathrm{j}(\omega'_0+\lambda')(m-n)} \qquad (9-16)$$

$$WT2_{r\cos}(\omega'_0,n) = \frac{1}{2a}\sum_{m=n-N}^{n+N} x(m)\mathrm{e}^{\mathrm{j}(\omega'_0-\lambda')(m-n)} \qquad (9-17)$$

$$WT3_{r\cos}(\omega'_0,n) = \frac{1}{a}\sum_{m=n-N}^{n+N} x(m)\mathrm{e}^{\mathrm{j}\omega'(m-n)} \qquad (9-18)$$

由式（9 – 7）、式（9 – 8），可得

$$WT1_{r\cos}(\omega'_0,n+1) = WT1_{r\cos}(\omega'_0,n)\mathrm{e}^{-\mathrm{j}(\omega'_0+\lambda')}$$

$$- \frac{1}{2a}x(n-N)\mathrm{e}^{\mathrm{j}(\omega'_0+\lambda')(-N-1)} + \frac{1}{2a}x(n+N+1)\mathrm{e}^{\mathrm{j}(\omega'_0+\lambda')N}$$

$$(9-19)$$

$$WT2_{r\cos}(\omega'_0,n+1) = WT2_{r\cos}(\omega'_0,n)\mathrm{e}^{-\mathrm{j}(\omega'_0-\lambda')}$$

$$- \frac{1}{2a}x(n-N)\mathrm{e}^{\mathrm{j}(\omega'_0-\lambda')(-N-1)} + \frac{1}{2a}x(n+N+1)\mathrm{e}^{\mathrm{j}(\omega'_0-\lambda')N}$$

$$(9-20)$$

$$WT3_{rcos}(\omega'_0, n+1) = WT3_{rcos}(\omega'_0, n)e^{-j\omega'_0}$$
$$-\frac{1}{a}x(n-N)e^{j\omega'_0(-N-1)} + \frac{1}{a}x(n+N+1)e^{j\omega'_0 N} \quad (9-21)$$

9.3.3 双指数型窗函数及其快速算法

双指数型窗函数的标准小波形式为
$$\varphi(t) = e^{-\lambda|t|}e^{j\omega_0 t} \quad -\infty < t < \infty \quad (9-22)$$
则子小波函数可表示为

$$\varphi_{a\tau}(t) = \frac{1}{a}e^{-\lambda'|t-\tau|}e^{j\omega'_0(t-\tau)} \quad (9-23)$$

其中,$\lambda' = \lambda/a, \omega_0' = \omega_0'/a$。则基于式(9-23)的离散小波变换形式为

$$WT_{doue}(\omega'_0, n) = \frac{1}{\sqrt{a}}\sum_{m=-\infty}^{\infty} x(m)e^{-\lambda'|m-n|}e^{j\omega'_0(m-n)}$$
$$= \frac{1}{a}(\sum_{m=-\infty}^{n} x(m)e^{\lambda'(m-n)}e^{j\omega'_0(m-n)} + \sum_{m=n+1}^{\infty} x(m)e^{\lambda'(n-m)}e^{j\omega'_0(m-n)})$$
$$(9-24)$$

令
$$WT_{doue}(\omega'_0, n) = WT1_{doue}(\omega'_0, n) + WT2_{doue}(\omega'_0, n)$$
$$(9-25)$$

其中,

$$WT1_{doue}(\omega'_0, n) = \frac{1}{a}\sum_{m=-\infty}^{n} x(m)e^{\lambda'(m-n)}e^{j\omega'_0(m-n)} \quad (9-26)$$

$$WT2_{doue}(\omega'_0, n) = \frac{1}{a}\sum_{m=n+1}^{\infty} x(m)e^{\lambda'(n-m)}e^{j\omega'_0(m-n)} \quad (9-27)$$

则

$$WT2_{doue}(\omega'_0, n) = \frac{1}{a}\sum_{m=n+1}^{\infty} x(m)e^{\lambda'(n-m)}e^{j\omega'_0(m-n)}$$
$$= \frac{1}{a}(x(n+1)e^{-\lambda'}e^{j\omega'_0} + \sum_{m=n+1+1}^{\infty} x(m)e^{\lambda'(n+1-m)}e^{j\omega'_0(m-n-1)}e^{-\lambda'}e^{j\omega'_0})$$
$$= \frac{1}{a}x(n+1)e^{-\lambda'}e^{j\omega'_0} + WT2_{doue}(\omega'_0, n+1)e^{-\lambda'}e^{j\omega'_0}$$
$$(9-28)$$

因此

$$WT2_{\text{doue}}(\omega'_0, n+1) = WT2_{\text{doue}}(\omega'_0, n)e^{\lambda'}e^{-j\omega'_0} - \frac{1}{a}x(n+1)$$

$$(9-29)$$

同理

$$WT1_{\text{doue}}(\omega'_0, n+1) = WT1_{\text{doue}}(\omega'_0, n)e^{-\lambda'}e^{-j\omega'_0} + \frac{1}{a}x(n+1)$$

$$(9-30)$$

在以上三种小波变换的迭代算法中,如果小波变换是按照式(2-31)定义的,也即在小波变换之前需要进行频谱搬移,则 $\omega_0' = \omega_0'/a + \eta$。

9.4 相容性条件与小波函数参数设置

据2.2节介绍,小波函数一个基本要求就是必须满足相容性条件。下面研究余弦型、升余弦型、双指数型 morlet 小波函数在相容条件下的参数设置要求。

9.4.1 余弦型窗函数小波

由式(9-3)和 morlet 小波支撑域,余弦小波函数可表示为

$$\varphi(t) = \frac{1}{2}(e^{j(\omega_0+\lambda)t} + e^{j(\omega_0-\lambda)t})g(t), \quad -8 < t < 8 \quad (9-31)$$

其傅里叶变换可表示为

$$\psi(\omega) = \frac{\pi}{\omega_T}\text{sinc}\left(\frac{\omega-(\omega_0+\lambda)}{\omega_T}\right) + \frac{\pi}{\omega_T}\text{sinc}\left(\frac{\omega-(\omega_0-\lambda)}{\omega_T}\right)$$

$$(9-32)$$

其中 $\omega_T = 2\pi/T, T = 16$,并令

$$\psi(\omega) = \psi_1(\omega) + \psi_2(\omega) \quad (9-33)$$

则

$$\psi_1(\omega) = \frac{\pi}{4}\text{sinc}\left(\frac{\omega-(\omega_0+\lambda)}{\omega_T}\right) \quad (9-34)$$

$$\psi_2(\omega) = \frac{\pi}{4}\mathrm{sinc}\left(\frac{\omega - (\omega_0 - \lambda)}{\omega_T}\right) \qquad (9-35)$$

为使得该小波函数满足相容性条件,并具有较高的滤波 Q 值,$\psi(\omega)$ 须满足两点要求:

(1) $\psi(\omega = 0) = 0$;

(2) $\psi(\omega)$ 远离 ω_0 时,频谱分布迅速衰减。

由式(9-34)、式(9-35)可知,当 ω_0、λ 满足

$$\lambda = \pm \omega_T/2 \qquad (9-36)$$

$$\omega_0 = (n + 1/2)\omega_T \ (n = 1,2,\cdots) \qquad (9-37)$$

改进的小波函数在频域不仅严格满足 $\psi(\omega = 0) = 0$,且在旁瓣任意频点上,$\psi_1(\omega)$ 和 $\psi_2(\omega)$ 值互为负值,旁瓣能够部分得到抵消(图9.1),衰减速度加快,滤波性能更好。因此,改进后的 morlet 小波具有很好的滤波性能,有利于信号分析。

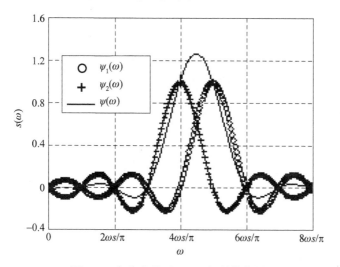

图9.1 余弦改进型 morlet 频谱分布图

9.4.2 升余弦型窗函数小波

由式(9-12)可知,升余弦型 morlet 小波函数的频谱分布为

$$\psi(\omega) = 2\tau \frac{\text{sinc}((\omega - \omega_0)\tau)}{1 - \left(\dfrac{(\omega - \omega_0)\tau}{\pi}\right)^2} \qquad (9-38)$$

由式(9-38)可得：$\psi(0) = 2\tau\text{sinc}(\omega_0\tau)/[1 - (\omega_0\tau/\pi)^2]$。当 ω_0、τ 满足 $\omega_0\tau = n, n = 1, 2, \cdots,$ 时,可得 $\psi(0) = 0$。

9.4.3 双指数型窗函数小波

由式(9-22)定义的双指数型窗函数 morlet 小波,其频谱分布可表示为

$$\psi(\omega) = \frac{2\lambda}{\lambda^2 + (\omega - \omega_0)^2} \qquad (9-39)$$

由式(9-39)可得：$\psi(0) = 2\lambda/(\lambda^2 + \omega_0{}^2)$,则无论 λ、ω_0 为何值,$\psi(0) \neq 0$。因此双指数型窗函数 morlet 小波只能够近似满足相容性条件,也即要求 λ 尽量的小且 ω_0 尽量的大。当 $\lambda = 0.05$ 且 $\omega_\varphi = 10$ 时,$\psi(0) = 10^{-3}$,近似满足相容性条件。

9.4.4 高斯型窗函数小波

根据式(2-7)可知,高斯型窗函数 morlet 小波的傅里叶变换表示为

$$\psi(\omega) = \sqrt{k\pi}\exp\left(\frac{-k(\omega - \omega_\varphi)^2}{4}\right) \qquad (9-40)$$

由式(9-40)可知 $\psi(0) \neq 0$,只有当 $\omega_\varphi \geqslant 5, k \geqslant 2$ 时,才满足 $\psi(0) \approx 0$,也即高斯型窗函数小波是近似满足相容性条件。

9.5 性能比较仿真与运算复杂度分析

为验证能运用迭代算法的余弦窗小波函数的信号特征提取性能,本书进行了基于小波变换的 PSK 信号符号率估计性能仿真,以及 DPSK 信号解调仿真,并将余弦窗 morlet 小波和高斯窗 morlet 小波处理结果进行比较。

9.5.1 PSK信号符号率估计性能仿真

性能仿真1:BPSK信号,采样率10MHz,载频3MHz,符号率1MHz,1000个符号,E_s/n_0为0~5dB,滚降系数为0.5,仿真次数为50000次,仿真结果如图9.2(a)所示。

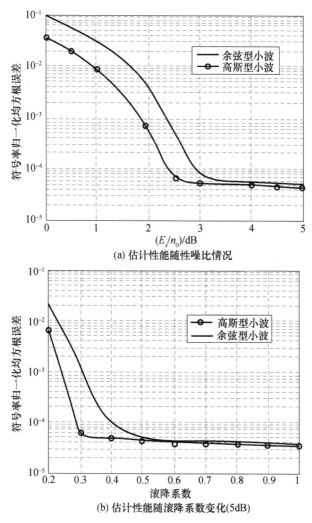

(a) 估计性能随性噪比情况

(b) 估计性能随滚降系数变化(5dB)

图9.2 BPSK信号符号率估计性能比较图

性能仿真2:信号基本参数同上,滚降系数为 $0.2 \sim 1$,1000 个符号,$E_s/n_0 = 5\text{dB}$,仿真次数为 50000 次,仿真结果如图 9.2(b)所示。

9.5.2 DPSK 信号盲解调性能仿真

性能仿真 3:DPSK 信号,采样率 10MHz,载频 1.2MHz,符号率 0.5MHz,1000 个符号,滚降系数为 0.5,E_s/n_0 为 $0 \sim 15\text{dB}$,仿真次数为 1000 次(QDPSK 信号在 E_s/n_0 大于 12dB 时仿真次数为 10000 次),仿真结果如图 9.3(a)所示。

性能仿真 4:BDPSK 信号,基本参数同仿真 3,滚降系数为 $0.3 \sim 1$,$E_s/n_0 = 8\text{dB}$,1000 个符号,仿真次数为 1000 次,仿真结果如图 9.3(b)所示。

9.5.3 运算量和性能比较分析

1. 运算量比较分析

以余弦窗函数 morlet 小波为例,由式(9-4)～式(9-11)可知,采用快速算法后计算每一个时频点 $WT_{\cos}(\omega'_0, n)$ 需要 6 次乘法和 5 次加法。假定信号采样率为 fs,符号率为 fm,且 $fs = N \times fm$,为使得信号与小波滤波器较好匹配,要求小波滤波长度为 1 倍或者 2 倍的符号宽度。

以 2 倍符号宽度计算,则小波单边积分时间窗口为 N。当采用高斯窗时,无法采用迭代快速算法,处理 M 个符号的一维运算,需要 $2MN(2N+1)$ 次乘法和 $4MNN$ 次加法;而当采用余弦窗时,可采用迭代快速算法时,相同的处理数据需要 $6MN$ 次乘法和 $5MN$ 次加法。对同一数字信号,假定符号率为 1(归一化),则小波变换的运算量由采样率的二次方变为采样率的一次方。

图 9.4 为相对运算量与小波单边分析时间窗口 N 的关系图,相对运算量为余弦窗 morlet 小波采用快速算法后乘法运算次数与高斯窗 morlet 小波的乘法次数之比。仿真结果表明,当 N 为 150 时,相对运算量将为 1%。

当采用余弦窗并利用迭代算法进行快速运算后,其绝对运算量也能够满足工程应用需要。以提取信号时频脊线为例,在对无线电信号经过一小段数据处理后具有了一定的先验知识,此时可采用较少的尺度因子向量进行小波变换,假定尺度因子向量长度为 15,则此时时频脊线提取的运算复杂度相当于一个 90 阶滤波器的运算复杂度,这在工程上还是可以实现的。

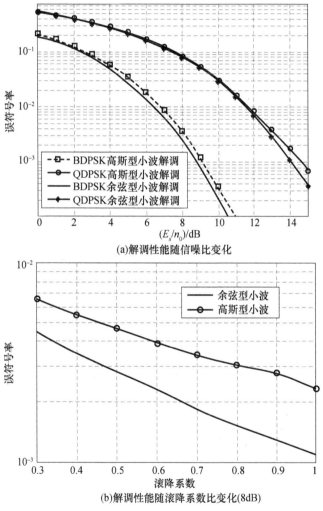

(a)解调性能随信噪比变化

(b)解调性能随滚降系数比变化(8dB)

图 9.3　DPSK 信号盲解调性能比较

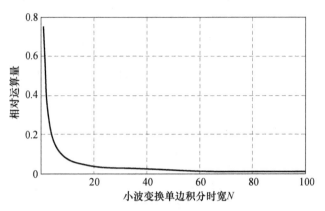

图9.4　相对运算量与单边分析时间窗口 N 关系图

2. 运算性能比较分析

由图9.2、图9.3仿真结果来看,余弦型小波和高斯型小波在进行信号处理时各有优势,其原因在于窗函数在时频域分辨率方面的差别。

根据9.4节的相容性条件讨论可知,高斯型窗函数小波的频率特征也是高斯型,也即其只能近似满足相容性条件,带通性能不够好。余弦型窗函数小波的频率特征具有良好带通性质:一方面严格满足相容性条件,即 $\psi(0)=0$;另一方面,由图9.1可知其频率特征具有一个截止频率点,且当 λ、ω_T 满足式(9-36)、式(9-37)时,其旁瓣能够相互抵消,大大降低了带外的旁瓣电平。

基于这两个小波函数在频率性能上的差别可知,余弦型小波函数的带通性能以及频率分辨率要优于高斯型小波函数,同时基于时频带宽积固定原理,高斯型小波的时域分辨率也要比余弦型小波更高。

结合信号处理来看,由于 PSK 信号符号率估计主要利用载频时频曲线,因此具有高的时域分辨率的高斯型小波估计性能会更好,这与图9.2得到的仿真结果一致。而在进行 DPSK 信号盲解调性能仿真时,主要利用其瞬时频率特征(时频脊线)来完成,因此具有高的频域分辨率的余弦型小波估计性能会更好,这与图9.3得到的仿真结果一致。

9.6 本章小结

在传统的算法研究中,主要研究的目标通常是实现更高的处理性能,对算法的运算量很少考虑。而本章主要解决小波变换运算量较大的问题。针对这个问题,本章结合指数遗忘分布能够进行迭代运算的特点,提出了三种能够进行迭代计算的小波函数,推导了小波变换快速算法,并进行了特征提取的性能仿真,主要工作包括:

(1)基于指数遗忘分布,提出了三种改进的小波函数,并推导了相应的快速迭代算法。

(2)从小波函数基本要求出发,针对相容性条件和信号处理需要,进行了修正小波函数的参数设置方法,完成了修正 morlet 小波的设计。

(3)利用余弦窗 morlet 小波进行了 PSK 符号率估计、盲解调等性能仿真,并与高斯窗 morlet 小波进行了仿真比较。结果表明,余弦窗 morlet 小波具有更高的频率分辨率,利用频域特征曲线进行信号处理时性能更高;高斯窗 morlet 小波具有更好的时域分辨率,利用时域特征曲线进行信号处理时性能更高。

基于修正后 morlet 小波函数运算复杂度的分析表明:修正后的小波变换运算复杂度与小波函数的支撑域无关,有利于高支撑域分析的细微特征提取,也有利于小波变换在工程上的推广与应用。

第10章

过采样信号的压缩技术

10.1 引　　言

奈奎斯特采样定理指出,采样频率达到信号最高频率的 2 倍就可以从数字采样信号中恢复出原始信号;对于带通信号,带通采样定理证实了采样频率只要达到带通信号带宽的 2 倍就可以从数字采样信号中恢复出原始信号。在盲信号采集中,未知信号的频率分布、信号带宽、调制类型等都是未知的,为能够采集更多未知信号,盲信号采集接收机多采用宽采样频宽和高采样速率。为此,有的接收机采样速率高达数兆赫。而实际的盲信号,50% 以上信号带宽多为 1MHz 或以下,这样极高的采样冗余又给信号的存储、传输和处理又带来了资源浪费和压力。

解决采集更多未知信号需求与过高采样冗余之间矛盾,一般有两种技术途径:一是通过接收机拼接技术,通过采用多部接收机拼接来覆盖大采集频宽,从而降低单部接收机的采样频宽和采样速率;二是通过采取数据压缩和重构技术,解决部分低速率信号的采样冗余问题。

本章介绍两种数据压缩和重构技术,以解决低速率信号的采样冗余问题。一种是采样信号的抽取技术,该技术首先在频域对信号带宽进行检测,然后根据检测的带宽大小以一定的比例对原始采样信号进行均匀抽取;另一种是近年来发展起来的新理论,即压缩重构技术,其又分为单任务压缩重构技术和多任务压缩重构技术。这些技术的采用将大大减少数据存储量。

10.2 采样信号的抽取

面对大量未知信号,往往采用较高的采样频率对其进行 A/D 均匀采样。如果信号的带宽较小,以较高采样频率得到的数字信号中包含了大量冗余信息。为了减少冗余采样点数,采用采样信号的抽取技术,抽取数量取决于信号带宽相对于采样频率的大小。

过采样信号检测的结果直接决定了采样点的抽取比例。过采样信号检测的基本思路是,把过采样信号经过 FFT 变换后得到频域表示,对频域波形进行检测,可以得到信号带宽的分布情况。但是由于噪声的存在,有可能使得频域波形抖动比较大,为此在检测之前需要对频域波形进行平滑处理。

这里采用移动平滑窗方法,首先设定平滑窗长度的大小为 n(在信噪比为 10dB 左右时,建议设为 20 左右;如果信噪比较小可以设置为相对稍大的值),位于平滑窗中心频域点的平滑幅度值大小为平滑窗内所有点原始幅度值的平均值。在频域中对于位于起始位置部分和结束部分的频域点,这些点不可能在移动平滑窗的中心,为此对这些点相应的减小平滑窗的长度大小。例如,对于第一个点,其幅度值为以该点起到正方向第 round($n/2$) +1 个点的所有原始幅度值的平均值,其中 round($\cdot$) 为四舍五入运算符;对于第二个点,其幅度值为以第一个点起到正方向第 round($n/2$) +2 个点的所有原始幅度值的平均值,平滑窗的长度相应增加了 1;依此类推,直到平滑窗的长度为 n。同样对于频域尾部的部分点,采用类似的方法来平滑频谱。

此时可能存在这样的疑问,把频谱进行了平滑处理可能就去掉了信号频谱的细节。需要注意的是,这里仅仅是为了检测带宽宽度,即使忽略了频谱细节,也对频谱宽度的检测影响不大,这样处理的好处是减小了噪声对频谱检测的影响。

对频谱进行平滑后,需要确定平滑频谱的检测门限,检测门限设置为最高频谱值的 $1/m$,其中,m 为大于 1 的数(在信噪比为 10dB 左右时,建议 m 设为 5 左右;如果信噪比较小,m 可以设置为相对稍小的值)。这样根据检测门限就可以确定频谱宽度。假设采样频率为 fHz,

对于单带宽信号(单载频信号为其特例),令检测得到的单段频谱宽度为 $w\mathrm{Hz}$,令 $a = \mathrm{ceil}(f/(4w))$(其中,$\mathrm{ceil}(\cdot)$ 表示向无穷大方向取整),如果 a 大于 1,那么就每隔 $a-1$ 个点对原始采样信号进行抽取,否则原始采样信号不适合抽取。为了保证抽取率不至于过少,可以限定 a 的最大值,例如,规定 a 的最大值不超过 10,如果超过 10,就按照 10 处理。需要说明的是,在计算 a 时要保证采样频率是检测带宽长度的 4 倍以上,这样处理的原因是保证抽取的数据中保留原始信号的足够细节。对于多带宽信号,规定其检测带宽大小为最后一个带宽的最大值和第一个带宽的最小值之差,后面的抽取方法和单带宽信号的抽取方法类似,这里不再赘述。

下面给出采样信号抽取的流程图,如图 10.1 所示。

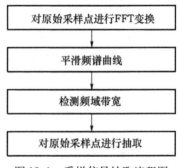

图 10.1 采样信号抽取流程图

10.3 压缩重构技术概述

压缩感知(Compressive Sensing,CS)技术对信号处理领域来说是一个重大的革新,其对信号进行采样不是依据信号的带宽,而是依赖于信号内所包含信息量的多少。当信号具有一定稀疏性时,其能够以远低于奈奎斯特采样定理所要求的速率对信号进行采样。为了用较少的采样点保留重构信号的足够信息,对采样矩阵(或称观测矩阵)$\boldsymbol{\Phi}$ 有一定的条件限制,即 $\boldsymbol{\Phi}$ 需要满足限制等距条件。大多数具有亚高斯分布的随机矩阵都能够满足限制等距条件。当信号 $\boldsymbol{\theta}$ 本身稀疏时,$\boldsymbol{\Phi}$ 可以对信号进行直接观测;当信号 $\boldsymbol{\theta}$ 本身不稀疏,但其可以在特定基 $\boldsymbol{\Psi}$ 上是稀疏时(如小波基或者傅里叶基 $\boldsymbol{\Psi}$,即 $\boldsymbol{\Psi}^{\mathrm{T}}\boldsymbol{\theta}$ 是稀疏的),只要 $\boldsymbol{\Phi}$ 与 $\boldsymbol{\Psi}$ 不相关,$\boldsymbol{\Phi}\boldsymbol{\Psi}^{\mathrm{T}}$ 可以作为观测矩阵对信号进行采样。压缩感知理论的一些成果已用在了图像处理、雷达系统、模拟信息转化器、机器学习、远程感知、无线通信、压缩感知理论的硬件设计等方面。

10.3.1　采样信号的压缩重构

为了重构原始信号提出了各种各样的重构算法。大体上分为:基于问题松弛(Problem Relaxation)的算法、追踪算法和贝叶斯算法。基于问题松弛的算法是对非平滑的、非凸的 l_0 范数限制进行一些易处理的近似,近似后的问题可以用标准优化方法进行求解,较著名的算法包括基追踪算法和 FOCUSS(Focal Underdetermined System Solver)算法,两者分别用 l_1 范数、$l_p(p<1)$ 范数对 l_0 范数进行近似。追踪算法是一类对支持集(即稀疏信号非零位置)贪婪地进行迭代选择的算法,较著名的算法包括匹配追踪算法、正交匹配追踪算法、StOMP(Stagewise Orthogonal Matching Pursuit)算法、IHT(Iterative Hard Thresholding algorithm)算法、硬门限追踪算法、压缩采样匹配追踪算法和子空间追踪算法等。贝叶斯算法是一类用概率统计工具来求解贝叶斯推断问题的算法,典型的算法包括贝叶斯压缩感知算法、基于拉普拉斯先验的压缩感知算法等。

压缩感知直接对信号进行线性压缩观测,然后根据重构算法由该次压缩观测重构原始信号。其优点在于信号的观测数据量远远小于传统采样方法所获的数据量,突破了香农采样定理的瓶颈。压缩感知框架如下,令 x 表示 $N \times 1$ 维信号,其在 $N \times N$ 维线性基 $\boldsymbol{\Psi}$(如小波基)上是具有稀疏性的,$\boldsymbol{\theta}$ 表示 $N \times 1$ 维线性投影(方便起见,本书以后也称其为原始信号),即 $x = \boldsymbol{\Psi}\boldsymbol{\theta}$,进而可得 $\boldsymbol{\theta} = \boldsymbol{\Psi}^{\mathrm{T}}x$。考虑压缩观测模型:

$$y = \boldsymbol{\Phi}\boldsymbol{\Psi}^{\mathrm{T}}x + n = \boldsymbol{\Phi}\boldsymbol{\theta} + n \qquad (10-1)$$

式中:y 为 $M \times 1$ 维观测值(即 M 点压缩观测值,$M \ll N$);$\boldsymbol{\Phi}$ 为 $M \times N$ 维观测矩阵;n 为 $M \times 1$ 维观测噪声。

由于观测值个数远小于 $\boldsymbol{\theta}$ 中元素的数量,这使得求逆问题是病态。

但在假设 $\boldsymbol{\theta}$ 是稀疏的条件下(即 $\boldsymbol{\theta}$ 中非零元素占较小比重),使得求逆问题变得可行,解病态问题的一个典型方法是通过求下面的优化问题:

$$\boldsymbol{\theta} = \arg\min_{\boldsymbol{\theta}} \{\|y - \boldsymbol{\Phi}\boldsymbol{\theta}\|_2^2 + \rho\|\boldsymbol{\theta}\|_1\} \qquad (10-2)$$

式中: $\|\cdot\|_2$ 表示 2 范数; $\|\cdot\|_1$ 表示 1 范数,即向量中非零元素的绝对值求和。

通过求解式(10-2)可以得到较准确的近似解,其中参数 ρ 控制了欧氏误差和稀疏性限制的相对比重(即式(10-2)大括号中的第一项和第二项)。这个表达式成为许多 CS 求逆问题的出发点,它们都是对非自适应压缩观测的求逆方法。

贝叶斯压缩感知通过相关向量机来估计原始信号 $\boldsymbol{\theta}$。在贝叶斯模型下,所有未知参数都是具有一定概率分布的随机变量。假设压缩观测模型(即式(10-1)中观测噪声 $\boldsymbol{n}$ 是均值为 $\boldsymbol{0}$(其为零向量),协方差为 $\beta^{-1}\boldsymbol{I}$ 的高斯噪声,其中, $\boldsymbol{I}$ 为单位矩阵。进而得到压缩观测 y 的条件分布为

$$p(y \mid \boldsymbol{\theta},\beta) = (2\pi)^{-M/2}\beta^{M/2}\exp\left(-\frac{1}{2}\beta\|y - \boldsymbol{\Phi}\boldsymbol{\theta}\|^2\right)$$

$$(10-3)$$

同时, β 有分布 $p(\beta|a,b)$(a、b 可设置为具体值),对 $\boldsymbol{\theta}$ 施加先验信息 $p(\boldsymbol{\theta}|\boldsymbol{\alpha})$ 来限制 $\boldsymbol{\theta}$ 的稀疏性(对应式(10-1)中 ρ 对稀疏性的控制),其中 $\boldsymbol{\alpha}$ 有分布 $p(\boldsymbol{\alpha}|c,d)$($c$、$d$ 可设置为具体值)。通过证据 EM(Expectation Maximization)算法估计 $\boldsymbol{\alpha}$ 和 β,然后通过 $p(\boldsymbol{\theta}|y,\boldsymbol{\alpha},\beta)$ 来推断 $\boldsymbol{\theta}$,这就是贝叶斯压缩感知求逆的基本过程。

对 $\boldsymbol{\theta}$ 施加拉普拉斯先验,可以得到更强的稀疏性限制,进而有更好地重构结果。值得注意的是式(10-2)中 l_1 正则化表达式(是对 $\boldsymbol{\theta}$ 施加稀疏性限制,即大括号中第二项)等价于对原始信号 $\boldsymbol{\theta}$ 使用拉普拉斯先验:

$$p(\boldsymbol{\theta} \mid \lambda) = \frac{\lambda}{2}\exp\left(-\frac{\lambda}{2}\|\boldsymbol{\theta}\|_1\right) \qquad (10-4)$$

基于拉普拉斯先验的贝叶斯重构算法指出使用式(10-3)和式(10-4)对 $\boldsymbol{\theta}$ 进行最大后验估计时,很难找到解析表达式,由于式(10-4)并不是 y 似然函数(即式(10-3))的共轭先验,为了解决这一

问题采用了分层的先验分布信息。然而,基于拉普拉斯先验的贝叶斯重构算法只是单任务 CS 重构算法。一般情况下,由于对信号的压缩观测是非自适应的,会存在某次任务中压缩观测采样点数对于稳定的重构来说比较少,会达不到理想的重构性能,这就需要研究多任务重构算法。

10.3.2 采样信号的多任务压缩重构

在上面小节中,所有文献发展的是单任务 CS 重构算法(单任务即单观测向量)。这里需要说明多观测向量和多任务这两个概念,多观测向量是指用同一个观测矩阵对原始信号进行压缩观测得到的多个压缩观测向量;多任务是指用不同的观测矩阵对原始信号进行压缩观测得到的多个压缩观测向量,即每个压缩观测向量对应一个不同的观测矩阵;多观测向量是多任务的一个特殊情况。实际中经常存在这种情况,比如多通道接收机在同一场景情况下,多个通道接收到的原始信号有一定相关性,对原始采样信号进行压缩观测并进行数据传输后,如果此时利用原始信号间的相关性对信号进行联合重构,和单任务重构相比,重构时对于每次任务可以用更少的观测向量达到相同的重构性能。基于这一点提出了多任务压缩感知。多任务压缩感知不是独立地对每次任务逐一进行重构,而是利用集合中多个压缩观测之间的统计相关性,共同对原始信号进行估计,和单任务重构相比,这样就可以在每次压缩观测时用更少的压缩观测次数达到理想的重构性能。

下面两节主要针对多任务的原始信号有一定相关性的情况研究联合重构问题,从分类的观点看,所处理的多任务对应的原始信号属于一类。

10.4 一般性采样信号的多任务压缩重构

一般性采样信号是指原始信号本身或者其在某一域中(如频域)非零值位置是稀疏的,且呈现出无明显结构的信号。本节内容是对基于拉普拉斯先验单任务 CS 求逆算法的发展。首先把基于拉普拉斯先验的单任务 CS 重构算法扩展为多任务情况下的重构算法。在基于拉普拉斯先验的单任务 CS 重构算法中,噪声精度参数在算法执行过程中是多余的变量,由于其初值的选取对算法结果影响较大,本节在多任务重构算法中采用把多余参量积分边缘化去掉的方法,把噪声精度参数积分去掉。

为了在多任务中有效地实现信息共享,考虑每个任务的原始信号 $\boldsymbol{\theta}_i$ 有同样的先验信息 $\gamma = (\gamma_1, \gamma_2, \cdots, \gamma_N)$,如图 10.2 所示(实线矩形框部分代表可以预先设定合适值的超参数,阴影部分代表压缩观测向量,无阴影部分代表待估计量,变量的详细说明见 10.4.1 节)。先验信息 γ 有超参数 λ 控制,比多任务压缩感知(MCS)求逆算法多了一层超先验信息,使得本节算法具有较好的灵活性。在基于拉普拉斯先验单任务 CS 求逆算法中,噪声精度参数 β 在算法执行过程中是多余的变量,由于其初值的选取对算法结果影响较大,本书在算法中采用把多余参量积分边缘化去掉的方法,把噪声精度参数 β 积分掉,实验结果表明该算法比当前的 MCS 求逆算法具有更高的重构性能,并增强了算法的稳定性。

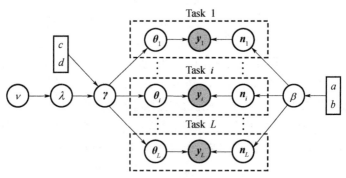

图 10.2　基于拉普拉斯先验的多任务分层贝叶斯模型示意图

10.4.1　先验信息共享模型

本节为了说明多任务重构算法如何实现联合重构,在 10.4.1 节中回顾了 MCS 算法的联合重构模型,然后提出了基于拉普拉斯先验的多任务重构算法联合重构模型。

在机器学习中,多任务信息共享的典型方法包括:在神经网络中共享隐式结点,在分层贝叶斯模型中共享先验信息,在预观测空间中共享一个结构体,在核方法(Kernel methods)中的结构规范化等。分层贝叶斯模型是多任务学习中的重要方法之一。为了更清楚地解释先验信息共享模型,首先分析 MCS 和本书算法的分层贝叶斯结构。假定有 L 个不同的压缩观测任务,用 $y_i(i=1,2,\cdots,L)$ 表示第 i 次压缩观测任务,每次任务具有一定的统计相关性;$\boldsymbol{\Phi}_i$ 为 $M_i \times N$ 维观测矩阵($M_i \ll N$),$\boldsymbol{\Phi}_{i,j}$ 表示 $\boldsymbol{\Phi}_i$ 的第 j 列(本书中称其为基函数),则有 $\boldsymbol{\Phi}_i = [\boldsymbol{\Phi}_{i,1}, \boldsymbol{\Phi}_{i,2}, \cdots, \boldsymbol{\Phi}_{i,N}]$;$\boldsymbol{n}_i$ 为第 i 次观测噪声。多任务压缩观测模型为 $y_i = \boldsymbol{\Phi}_i \boldsymbol{\Psi}^\mathrm{T} \boldsymbol{x}_i + \boldsymbol{n}_i = \boldsymbol{\Phi}_i \boldsymbol{\theta}_i + \boldsymbol{n}_i$,即

$$y_i = \boldsymbol{\Phi}_i \boldsymbol{\theta}_i + \boldsymbol{n}_i (i = 1, 2, \cdots, L) \qquad (10-5)$$

式中:$\boldsymbol{\theta}_i$ 表示第 i 个任务的原始信号;$\theta_{i,j}$ 表示第 i 个任务对应原始信号的第 j 个元素,则有 $\boldsymbol{\theta}_i = [\theta_{i,1}, \theta_{i,2}, \cdots, \theta_{i,N}]^\mathrm{T}$。

假设模型中观测噪声中元素服从均值为 0,方差为 $1/\beta$ 的统计独立高斯分布,所以 y_i 的似然函数为

$$p(y_i \mid \boldsymbol{\theta}_i, \beta) = \mathbb{N}(y_i \mid \boldsymbol{\Phi}_i \boldsymbol{\theta}_i, \beta^{-1} \boldsymbol{I}) \qquad (10-6)$$

式中,$\mathbb{N}(y_i \mid \boldsymbol{\Phi}_i \boldsymbol{\theta}_i, \beta^{-1} \boldsymbol{I})$ 是均值为 $\boldsymbol{\Phi}_i \boldsymbol{\theta}_i$,协方差为 $\beta^{-1} \boldsymbol{I}$ 的高斯分布;β 服从 Gamma 分布:

$$p(\beta \mid a, b) = \mathrm{Ga}(\beta \mid a, b) = \frac{b^a}{\Gamma(a)} \beta^{a-1} \exp(-b\beta) \qquad (10-7)$$

式中:$p(\beta \mid a, b)$ 为参数 β 的先验;a、b 为 Gamma 分布的形状和尺度参数;$\Gamma(a)$ 为 Gamma 函数。

1. 多任务压缩感知先验共享模型

在 MCS 中对 $\boldsymbol{\theta}_i$ 施加的先验信息为

$$p(\boldsymbol{\theta}_i \mid \boldsymbol{\alpha}) = \prod_{j=1}^{N} \mathbb{N}(\theta_{i,j} \mid 0, \alpha_j^{-1}) \qquad (10-8)$$

式中:$\boldsymbol{\alpha}$ 为共享的先验信息,$\boldsymbol{\alpha} = \{\alpha_j \mid j = 1, 2, \cdots, N\}$,其服从分布:

$$p(\boldsymbol{\alpha} \mid c, d) = \prod_{j=1}^{N} \mathrm{Ga}(\alpha_j \mid c, d) \qquad (10-9)$$

在 MCS 中为了避免对超参数 a、b、c、d 的选择和计算方便,采用了

把其设置为 0 的方法,得到了常采用的无信息或均匀信息先验,把求解 $\boldsymbol{\alpha}$ 和 β 的最大化后验分布:

$$\prod_{i=1}^{L} p(\boldsymbol{\alpha},\beta \mid y_i) \propto \prod_{i=1}^{L} p(y_i \mid \boldsymbol{\alpha},\beta) p(\boldsymbol{\alpha}) p(\beta) \quad (10-10)$$

转化为求解 $\boldsymbol{\alpha}$ 和 β 的最大化似然估计:

$$\prod_{i=1}^{L} p(y_i \mid \boldsymbol{\alpha},\beta) = \prod_{i=1}^{L} \int p(y_i \mid \boldsymbol{\theta}_i,\beta) p(\boldsymbol{\theta}_i \mid \boldsymbol{\alpha}) \mathrm{d}\boldsymbol{\theta}_i \quad (10-11)$$

即联合所有压缩观测 y_i 对 $\boldsymbol{\alpha}$ 和 β 进行点估计,实现多任务间信息共享。

2. 拉普拉斯先验共享模型

为了增强稀疏性限制,针对 $\boldsymbol{\theta}_i$ 采用拉普拉斯先验,直接利用 $\boldsymbol{\theta}_i$ 的拉普拉斯先验会导致后验概率没有解析的表达式,由于拉普拉斯分布不是高斯分布的共轭先验。为此,采用分层的先验分布,分层的模型如下:

$$p(\boldsymbol{\theta}_i \mid \boldsymbol{\gamma}) = \prod_{j=0}^{N} \mathbb{N}(\theta_{i,j} \mid 0,\gamma_j) \quad (10-12)$$

$$p(\gamma_j \mid \lambda) = \mathrm{Ga}(\gamma_j \mid 1,\lambda/2) = \frac{\lambda}{2}\exp\left(-\frac{\lambda\gamma_j}{2}\right), \gamma_j \geqslant 0, \lambda \geqslant 0$$
$$(10-13)$$

$$p(\lambda \mid \nu) = \mathrm{Ga}(\lambda \mid \nu/2,\nu/2) \quad (10-14)$$

由式(10-12)~式(10-14),可得

$$\begin{aligned}
p(\boldsymbol{\theta}_i \mid \lambda) &= \int p(\boldsymbol{\theta}_i \mid \boldsymbol{\gamma}) p(\boldsymbol{\gamma} \mid \lambda) \mathrm{d}\boldsymbol{\gamma} \\
&= \prod_{j=1}^{N} \int p(\theta_{i,j} \mid \gamma_j) p(\gamma_j \mid \lambda) \mathrm{d}\gamma_j \\
&= \frac{\lambda^{N/2}}{2^{N/2}} \exp\left(-\sqrt{\lambda} \sum_{j=1}^{N} \theta_{i,j}\right) \quad (10-15)
\end{aligned}$$

可见,采用分层的先验分布最终使 $p(\boldsymbol{\theta}_i \mid \lambda)$ 成为拉普拉斯先验,同时使得 10.4.2 节和 10.4.3 节中贝叶斯分析过程具有明确的表达式。

为了进行贝叶斯推断,需要最大化参数的后验分布 $\prod_{i=1}^{L} p(\boldsymbol{\theta}_i,\boldsymbol{\gamma},\lambda,\beta \mid$

$$y_i) = \prod_{i=1}^{L}\left(\frac{p(\boldsymbol{\theta}_i,\gamma,\lambda,\beta,y_i)}{p(y_i)}\right)$$（为了表示简洁，参数 ν 忽略不写），由于

$p(y_i) = \iiint p(\boldsymbol{\theta}_i,\gamma,\lambda,\beta,y_i)\mathrm{d}\boldsymbol{\theta}_i\mathrm{d}\gamma\mathrm{d}\lambda\mathrm{d}\beta$ 没有解析表达式，使得

$\prod_{i=1}^{L}p(\boldsymbol{\theta}_i,\gamma,\lambda,\beta\mid y_i)$ 很难表示，为此采用如下分解：

$$\prod_{i=1}^{L}p(\boldsymbol{\theta}_i,\gamma,\lambda,\beta\mid y_i) = \prod_{i=1}^{L}p(\boldsymbol{\theta}_i\mid\gamma,\lambda,\beta,y_i)p(\gamma,\lambda,\beta\mid y_i)$$

$$(10-16)$$

为了计算方便，等效地对式(10-16)采用 ln 运算(表示自然对数运算)，即 $\sum_{i=1}^{L}\ln p(\boldsymbol{\theta}_i,\gamma,\lambda,\beta\mid y_i)$，可得

$$\sum_{i=1}^{L}\ln p(\boldsymbol{\theta}_i,\gamma,\lambda,\beta\mid y_i) = \sum_{i=1}^{L}\ln p(\boldsymbol{\theta}_i\mid\gamma,\lambda,\beta,y_i)$$

$$+ \sum_{i=1}^{L}\ln p(\gamma,\lambda,\beta\mid y_i) \qquad (10-17)$$

式中：$p(\boldsymbol{\theta}_i\mid\gamma,\lambda,\beta,y_i)$ 为多元高斯分布 $\mathbb{N}(\boldsymbol{\theta}_i\mid\boldsymbol{\mu}_i,\boldsymbol{\Sigma}_i)$，均值、协方差分别为

$$\boldsymbol{\mu}_i = \boldsymbol{\Sigma}_i\beta\boldsymbol{\Phi}_i^{\mathrm{T}}y_i \qquad (10-18)$$

$$\boldsymbol{\Sigma}_i = [\beta\boldsymbol{\Phi}_i^{\mathrm{T}}\boldsymbol{\Phi}_i + \boldsymbol{A}]^{-1} \qquad (10-19)$$

其中，$\boldsymbol{A} = \mathrm{diag}(\alpha_1,\alpha_2,\cdots,\alpha_N) = \mathrm{diag}(1/\gamma_1,1/\gamma_2,\cdots,1/\gamma_N)$。

为了实现多任务间先验信息的共享，联合所有压缩观测 y_i 对 γ 和 λ 进行最大后验估计，即最大化后验估计 $\sum_{i=1}^{L}\ln p(\gamma,\lambda,\beta\mid y_i)$。由于噪声精度参数 β 对 γ 和 λ 最大后验估计来说是一个多余的参数，在 10.4.3 节中介绍把其积分去掉的方法。

因此，在 MCS 中，共享的先验信息是 $\boldsymbol{\alpha}$；在本书中没有对超参数 λ 设定固定的值，共享的先验信息是 γ 和 λ，如图 10.2 所示。其共享模型是所有任务共同来对先验信息进行推断，然后结合每次任务的压缩观测 y_i 来求解该次任务的原始信号 $\boldsymbol{\theta}_i$，其估计值 $\hat{\boldsymbol{\theta}}_i = \boldsymbol{\mu}_i$。由于利用多任务间的统计相关性，这就克服了单次压缩观测采样点数不充足对先验信息推断不准确的缺点，可以明显地提高重构准确度。

10.4.2 基于拉普拉斯先验的多任务重构算法

本节基于 10.4.1 节的多任务共享模型,将把单任务时的压缩感知算法扩展到使用拉普拉斯先验的多任务重构算法,并分别给出了迭代解和快速次优化解。

10.4.1 节中提出了联合所有压缩观测 y_i 对 γ 和 λ 进行最大后验估计,即最大化后验估计 $\sum\limits_{i=1}^{L} \ln p(\gamma, \lambda, \beta \mid y_i)$。由于 $p(\gamma, \lambda, \beta \mid y_i) = p(y_i, \gamma, \lambda, \beta)/p(y_i) \propto p(y_i, \gamma, \lambda, \beta)$,参数估计可以通过最大化 $\sum\limits_{i=1}^{L} \ln p(y_i, \gamma, \lambda, \beta)$ 的方法得到,因此有

$$
\begin{aligned}
L_1(\gamma, \lambda, \beta) &= \sum_{i=1}^{L} \ln p(y_i, \gamma, \lambda, \beta) \\
&= \sum_{i=1}^{L} \ln \int p(y_i \mid \boldsymbol{\theta}_i, \beta) p(\boldsymbol{\theta}_i \mid \gamma) p(\gamma \mid \lambda) p(\lambda) p(\beta) \mathrm{d}\boldsymbol{\theta}_i \\
&= -\frac{1}{2} \sum_{i=1}^{L} \big[M_i \ln 2\pi + \ln(\det(\boldsymbol{C}_i)) + y_i^{\mathrm{T}} \boldsymbol{C}_i^{-1} y_i \\
&\quad - 2N\ln\frac{\lambda}{2} + \lambda \sum_{j=1}^{N} \gamma_j - \nu\ln\frac{\nu}{2} + 2\ln\Gamma(\nu/2) \\
&\quad - (\nu - 2)\ln\lambda + \nu\lambda - 2(a-1)\ln\beta + 2b\beta \big] \quad (10-20)
\end{aligned}
$$

式中:$\boldsymbol{C}_i = \beta^{-1}\boldsymbol{I} + \boldsymbol{\Phi}_i \boldsymbol{A}^{-1} \boldsymbol{\Phi}_i^{\mathrm{T}}$,$\boldsymbol{I}$ 为 $N \times N$ 维单位矩阵;$\det(\cdot)$ 表示行列式运算,$\det(\boldsymbol{C}_i) = (\det(\boldsymbol{A}))^{-1}\det(\beta^{-1}\boldsymbol{I})\det(\boldsymbol{\Sigma}_i^{-1})$。

10.4.2.1 迭代解

对 $L_1(\gamma, \lambda, \beta)$ 求 γ_j 的导数,并令其为 0,可得

$$
\alpha_j = \frac{1}{\gamma_j} = \frac{L \pm \sqrt{L^2 + 4L\lambda\big[\sum_{i=1}^{L}(\boldsymbol{\mu}_{i,j} + \boldsymbol{\Sigma}_{i,jj})\big]}}{2\big[\sum_{i=1}^{L}(\boldsymbol{\mu}_{i,j} + \boldsymbol{\Sigma}_{i,jj})\big]} \quad (10-21)
$$

式中:$\boldsymbol{\mu}_{i,j}$ 为 $\boldsymbol{\mu}_i$ 中第 j 个元素;$\boldsymbol{\Sigma}_{i,jj}$ 为 $\boldsymbol{\Sigma}_i$ 的第 j 个对角线元素。

由于 $\gamma_j \geqslant 0$,α_j 取正值。同样,分别求 λ、β 的导数,令其为 0,可得

$$\lambda = \frac{N - 1 + \nu/2}{\sum\limits_{j=1}^{N} \gamma_j/2 + \nu/2} \qquad (10-22)$$

$$\beta = \frac{L(N + 2a - 2)}{\sum\limits_{i=1}^{L} \parallel y_i - \boldsymbol{\Phi}_i \boldsymbol{\mu}_i \parallel^2 + \sum\limits_{i=1}^{L} \mathrm{tr}(\boldsymbol{\Phi}_i^{\mathrm{T}} \boldsymbol{\Phi}_i \boldsymbol{\Sigma}_i) + 2Lb}$$

$$(10-23)$$

通过最大化式(10-20)来估计 ν，需要解下面等式：

$$\ln\frac{\nu}{2} + 1 - \psi\left(\frac{\nu}{2}\right) + \ln\lambda - \lambda = 0 \qquad (10-24)$$

其中，$\psi\left(\dfrac{\nu}{2}\right)$ 表示 $\ln\Gamma(\nu/2)$ 对 $\nu/2$ 求导。式(10-24)没有封闭解，只能数值求解。

注意式(10-8)~式(10-19)、式(10-20)~式(10-24)可以进行迭代运算，首先根据 $\boldsymbol{A} = \mathrm{diag}(\alpha_1, \alpha_2, \cdots, \alpha_N)$、$\beta$ 和 λ 计算式(10-8))~式(10-19)，再由式(10-21)估计 α_j，由式(10-22)~式(10-23)估计 λ 和 β，ν 由式(10-24)估计，迭代依次进行，直到收敛条件(如式(10-53))满足。由于式(10-19)要计算 $N \times N$ 维矩阵的逆，需要 $o(N^3)$ 量级的操作，当处理大量数据时，运算速度变慢，其应用受限，为此发展了下面的快速算法。

10.4.2.2　快速次优化解

为了减小计算量，不必每次迭代更新 $\boldsymbol{A}$ 中所有元素，考虑只更新其中单个元素 α_j(即 $1/\gamma_j$)。因此，考虑 $L_1(\gamma, \lambda, \beta, \nu)$ 中只和 γ 有关的项，可得

$$
\begin{aligned}
L_1(\gamma) &= -\frac{1}{2}\sum_{i=1}^{L}\left[\ln(\det(\boldsymbol{C}_i)) + y_i^{\mathrm{T}}\boldsymbol{C}_i^{-1}y_i + \lambda\sum_{k=1}^{N}\gamma_k\right]\\
&= -\frac{1}{2}\sum_{i=1}^{L}\left[\ln(\det(\boldsymbol{C}_{i,-j})) + y_i^{\mathrm{T}}\boldsymbol{C}_{i,-j}^{-1}y_i + \lambda\sum_{k=1(\neq j)}^{N}\gamma_k\right]\\
&\quad + \frac{1}{2}\sum_{i=1}^{L}\left[\ln\frac{1}{1+\gamma_j s_{i,j}} + \frac{q_{i,j}^2\gamma_j}{1+\gamma_j s_{i,j}} - \lambda\gamma_j\right]\\
&= L_1(\gamma_{-j}) + l_1(\gamma_j)
\end{aligned}
\qquad (10-25)
$$

其中，$C_{i,-j}$ 是 C_i 去除基函数 $\boldsymbol{\Phi}_{i,j}$ 后矩阵，$l_1(\gamma_j) = \dfrac{1}{2}\sum\limits_{i=1}^{L}\Big[\ln$

$\dfrac{1}{1+\gamma_j s_{i,j}} + \dfrac{q_{i,j}^2\gamma_j}{1+\gamma_j s_{i,j}} - \lambda\gamma_j\Big]$，$s_{i,j}@\boldsymbol{\Phi}_{i,j}^{\mathrm{T}}C_{i,-j}^{-1}\boldsymbol{\Phi}_{i,j}$，$q_{i,j}@\boldsymbol{\Phi}_{i,j}^{\mathrm{T}}C_{i,-j}^{-1}y_i$。

对 $L_1(\gamma)$ 求 γ_j 的导数，可得

$$\frac{\mathrm{d}L_1(\gamma)}{\mathrm{d}r_j} = \frac{\mathrm{d}l_1(\gamma_j)}{\mathrm{d}r_j}$$

$$= -\frac{1}{2}\sum_{i=1}^{L}\frac{\gamma_j^2(\lambda s_{i,j}^2) + \gamma_j(s_{i,j}^2 + 2\lambda s_{i,j}) + (\lambda + s_{i,j} - q_{i,j}^2)}{(1+\gamma_j s_{i,j})^2}$$

$$(10-26)$$

令式(10-26)为0，求解 γ_j，由于式(10-26)分母中也包含未知数 γ_j，使得准确的求解变得很困难。在式(10-26)中用 $\alpha_j = 1/\gamma_j$ 代替 $1/\gamma_j$，可得

$$-\frac{1}{2}\sum_{i=1}^{L}\frac{\gamma_j^2(\lambda s_{i,j}^2) + \gamma_j(s_{i,j}^2 + 2\lambda s_{i,j}) + (\lambda + s_{i,j} - q_{i,j}^2)}{(1+\gamma_j s_{i,j})^2}$$

$$= -\frac{1}{2}\sum_{i=1}^{L}\frac{\alpha_j^2(\lambda + s_{i,j} - q_{i,j}^2) + \alpha_j(s_{i,j}^2 + 2\lambda s_{i,j}) + \lambda s_{i,j}^2}{(\alpha_j + s_{i,j})^2}$$

$$= 0 \qquad\qquad (10-27)$$

由于 $\gamma_j \geqslant 0$，α_j 的值不是大于0，就是无穷大。当 $A_1@\sum\limits_{i=1}^{L}(\lambda + s_{i,j} - q_{i,j}^2) = 0$ 时，$\alpha_j = \infty$；当 α_j 取大于0的值时，有 $s_{i,j} \gg a_j$ 或者 $s_{i,j} \gg 1/\gamma_j$（和文献[185]中一样，实际实验中总是成立），式(10-27)的分母 $(\alpha_j + s_{i,j})^2 \approx s_{i,j}^2$，可得

$$-\frac{1}{2}\sum_{i=1}^{L}\frac{\alpha_j^2(\lambda + s_{i,j} - q_{i,j}^2) + \alpha_j(s_{i,j}^2 + 2\lambda s_{i,j}) + \lambda s_{i,j}^2}{(\alpha_j + s_{i,j})^2}$$

$$\approx -\frac{1}{2}\sum_{i=1}^{L}\frac{\alpha_j^2(\lambda + s_{i,j} - q_{i,j}^2) + \alpha_j(s_{i,j}^2 + 2\lambda s_{i,j}) + \lambda s_{i,j}^2}{s_{i,j}^2}$$

$$(10-28)$$

因此，求解含未知数 γ_j 的方程 $\dfrac{\mathrm{d}L_1(\gamma)}{\mathrm{d}r_j} = 0$ 转化为求解未知量 α_j 的

方程 $-\dfrac{1}{2}\sum_{i=1}^{L}\dfrac{\alpha_j^2(\lambda+s_{i,j}-q_{i,j}^2)+\alpha_j(s_{i,j}^2+2\lambda s_{i,j})+\lambda s_{i,j}^2}{s_{i,j}^2}=0$，重新写为

$$\alpha_j^2\sum_{i=1}^{L}\frac{\lambda+s_{i,j}-q_{i,j}^2}{s_{i,j}^2}+\alpha_j\sum_{i=1}^{L}\frac{s_{i,j}+2\lambda}{s_{i,j}}+L\lambda=0 \quad (10-29)$$

令 $A_1 @ \sum_{i=1}^{L}\dfrac{\lambda+s_{i,j}-q_{i,j}^2}{s_{i,j}^2}, B_1 @ \sum_{i=1}^{L}\dfrac{s_{i,j}+2\lambda}{s_{i,j}}, C_1 @ L\lambda$，则有

$$a_j \approx \frac{-B_1\pm\sqrt{\Delta_1}}{2A_1} \quad (10-30)$$

其中，$\Delta_1=B_1^2-4A_1C_1, C_1\geqslant0$。

当 $A_1<0$ 时，$\Delta_1>0$，并且存在正解 $a_j\approx(-B_1-\sqrt{\Delta_1})/(2A_1)$。经分析易知 $a_j\approx(-B_1-\sqrt{\Delta_1})/(2A_1)$ 这个有限值近似解是在 $l_1(\gamma_j)$ 一个静态点的附近，该静态点是 $l_1(\gamma_j)$ 的一个最大值点（最大值点可能不唯一）。这个近似解对算法是非常有效的，因为比准确地求解式(10-27)计算速度快了很多。因此，可得

$$\begin{cases} a_j\approx\dfrac{-B_1-\sqrt{\Delta_1}}{2A_1}, A_1<0 \\[2mm] a_j=\infty, \text{其他} \end{cases} \quad (10-31)$$

当 $L=1$ 时，对应单任务压缩感知的情况，其解和文献[184]中的解一致。当 $\alpha_j=\infty$ 时等效于 $\boldsymbol{\theta}_{i,j}=0$，此时等于把基函数 $\boldsymbol{\Phi}_j$ 去除。和之前算法对比，快速算法依次增加或去掉候选的基函数，直到所有 n 个相关的基函数包括在内，算法的复杂度和 n 相关而不是 N。由于该部分阐述和 MCS 相似，具体细节参见相关文献。

10.4.3　降低参数维数的多任务重构算法

在 10.4.2 节的算法中，需要对参数 β 的初值进行设置。如果该值设置不合理将会使算法的性能变差。本节考虑贝叶斯重构算法中把多余参数去掉的方法，把参数 β 进行积分去掉，降低了模型参数的数量，增强了算法的稳定性。

和 10.4.2 节中类似，对 $\boldsymbol{\theta}_i$ 定义 0 均值高斯分布先验：

$$p(\boldsymbol{\theta}_i \mid \boldsymbol{\gamma}, \boldsymbol{\beta}) = \prod_{j=0}^{N} \mathbb{N}(\theta_{i,j} \mid 0, \gamma_j \boldsymbol{\beta}) \qquad (10-32)$$

对噪声精度 β 定义 Gamma 分布先验:

$$p(\beta \mid a, b) = \mathrm{Ga}(\beta \mid a, b) \qquad (10-33)$$

由于 $p(\boldsymbol{\theta}_i \mid \boldsymbol{\gamma}, \lambda, \beta, y_i)$ 为多元高斯分布,均值和协方差见式(10-18)和式(10-19),则似然函数:

$$p(\boldsymbol{\theta}_i \mid \boldsymbol{\gamma}, \lambda, y_i) = \int p(\boldsymbol{\theta}_i \mid \boldsymbol{\gamma}, \lambda, \beta, y_i) p(\beta \mid a, b) \mathrm{d}\beta$$

$$= \frac{\Gamma(a+N/2)\left[1 + \frac{1}{2b}(\boldsymbol{\theta}_i - \boldsymbol{\mu}_i)^{\mathrm{T}} \boldsymbol{\Sigma}_i^{-1}(\boldsymbol{\theta}_i - \boldsymbol{\mu}_i)\right]^{-(a+N/2)}}{\Gamma(a)(2\pi b)^{N/2}(\det(\boldsymbol{\Sigma}_i))^{1/2}}$$

$$(10-34)$$

$$\boldsymbol{\mu}_i = \boldsymbol{\Sigma}_i \boldsymbol{\Phi}_i^{\mathrm{T}} y_i \qquad (10-35)$$

$$\boldsymbol{\Sigma}_i = \left[\boldsymbol{\Phi}_i^{\mathrm{T}} \boldsymbol{\Phi}_i + \boldsymbol{A}\right]^{-1} \qquad (10-36)$$

注意该小节中的 $\boldsymbol{\mu}_i$ 和 $\boldsymbol{\Sigma}_i$ 和 10.4.2 节中的表达式有所不同(不同的表达式仅适用于相应的小节),$\boldsymbol{A} = \mathrm{diag}(\alpha_1, \alpha_2, \cdots, \alpha_N) = \mathrm{diag}(1/\gamma_1, 1/\gamma_2, \cdots, 1/\gamma_N)$ 表达式不变。通过对 β 积分,似然函数由高斯分布变为了 Student-t 分布。由于 Student-t 分布比高斯分布有更长的"尾部",因此对于一些干扰数据点有较大的稳定性,这使得对 $\boldsymbol{\theta}_i$ 的估计能够在较大的观测噪声下进行。

10.4.3.1 迭代解

和 10.4.2 节相似,估计参数可以通过最大化 $\sum_{i=1}^{L} \ln p(y_i, \boldsymbol{\gamma}, \lambda, \beta)$ 的方法得到

$$
\begin{aligned}
L_2(\boldsymbol{\gamma}, \lambda) &= \sum_{i=1}^{L} \ln p(y_i, \boldsymbol{\gamma}, \lambda) \\
&= \sum_{i=1}^{L} \ln \iint p(y_i \mid \boldsymbol{\theta}_i, \beta) p(\boldsymbol{\theta}_i \mid \boldsymbol{\gamma}) p(\boldsymbol{\gamma} \mid \lambda) p(\lambda) p(\beta) \mathrm{d}\boldsymbol{\theta}_i \mathrm{d}\beta \\
&= -\frac{1}{2} \sum_{i=1}^{L} \left[(M_i + 2a) \ln(y_i^{\mathrm{T}} \boldsymbol{B}_i^{-1} y_i + 2b) + \ln(\det(\boldsymbol{B}_i))\right] \\
&\quad - 2N \ln\frac{\lambda}{2} + \lambda \sum_{j=1}^{N} \gamma_j - \nu \ln\frac{\nu}{2} + 2\ln\Gamma(\nu/2) - (\nu-2)\ln\lambda
\end{aligned}
$$

$$\quad + \nu\lambda\,\big] \,+\, const\_1 \qquad\qquad\qquad\qquad (10-37)$$

其中,$\boldsymbol{B}_i = \boldsymbol{I} + \boldsymbol{\Phi}_i \boldsymbol{A}^{-1} \boldsymbol{\Phi}_i^{\mathrm{T}}$, $const\_1 @ \dfrac{1}{2} \sum\limits_{i=1}^{L} \Big[\, 2\ln \dfrac{2b^a \Gamma(M_i/2 + a)}{\Gamma(a)} -$

$M_i \ln 2\pi \,\Big]$,

$$\begin{aligned}
\boldsymbol{B}_i^{-1} &= (\boldsymbol{I} + \boldsymbol{\Phi}_i \boldsymbol{A}^{-1} \boldsymbol{\Phi}_i^{\mathrm{T}})^{-1}\\
&= \boldsymbol{I} - \boldsymbol{\Phi}_i (\boldsymbol{I} + \boldsymbol{A}^{-1} \boldsymbol{\Phi}_i^{\mathrm{T}} \boldsymbol{\Phi}_i)^{-1} \boldsymbol{A}^{-1} \boldsymbol{\Phi}_i^{\mathrm{T}}\\
&= \boldsymbol{I} - \boldsymbol{\Phi}_i (\boldsymbol{A} + \boldsymbol{\Phi}_i^{\mathrm{T}} \boldsymbol{\Phi}_i)^{-1} \boldsymbol{\Phi}_i^{\mathrm{T}}\\
&= \boldsymbol{I} - \boldsymbol{\Phi}_i \boldsymbol{\Sigma}_i \boldsymbol{\Phi}_i^{\mathrm{T}} \qquad\qquad\qquad\quad (10-38)
\end{aligned}$$

$$\begin{aligned}
\det(\boldsymbol{B}_i) &= \det(\boldsymbol{I} + \boldsymbol{\Phi}_i \boldsymbol{A}^{-1} \boldsymbol{\Phi}_i^{\mathrm{T}})\\
&= (\det(\boldsymbol{A}))^{-1} \det(\boldsymbol{A} + \boldsymbol{\Phi}_i^{\mathrm{T}} \boldsymbol{\Phi}_i)\\
&= (\det(\boldsymbol{A}))^{-1} \det(\boldsymbol{\Sigma}_i^{-1})\\
&= (\det(\boldsymbol{A}))^{-1} (\det(\boldsymbol{\Sigma}_i))^{-1} \qquad\quad (10-39)
\end{aligned}$$

对 $L_2(\boldsymbol{\gamma},\lambda)$ 求 γ_j 的导数,得

$$\frac{\mathrm{d}L_2(\boldsymbol{\gamma},\lambda,\nu)}{\mathrm{d}\gamma_j} = \frac{1}{2}\Big[\frac{1}{\gamma_j^2} \sum_{i=1}^{L} \Big(\frac{M_i + 2a}{\boldsymbol{y}_i^{\mathrm{T}} \boldsymbol{B}_i^{-1} \boldsymbol{y}_i + 2b} \boldsymbol{\mu}_{i,j}^2 + \boldsymbol{\Sigma}_{i,jj} \Big) - \frac{L}{\gamma_j} - L\lambda \Big]$$

$$\qquad\qquad\qquad\qquad\qquad\qquad\qquad\qquad\qquad (10-40)$$

令式(10-40)为 0,求解 $1/\gamma_j$,得

$$\alpha_j = \frac{1}{\gamma_j}$$

$$= \frac{L \pm \sqrt{L^2 + 4L\lambda \sum\limits_{i=1}^{L} \Big(\dfrac{M_i + 2a}{\boldsymbol{y}_i^{\mathrm{T}} \boldsymbol{B}_i^{-1} \boldsymbol{y}_i + 2b} \boldsymbol{\mu}_{i,j}^2 + \boldsymbol{\Sigma}_{i,jj} \Big)}}{2 \sum\limits_{i=1}^{L} \Big(\dfrac{M_i + 2a}{\boldsymbol{y}_i^{\mathrm{T}} \boldsymbol{B}_i^{-1} \boldsymbol{y}_i + 2b} \boldsymbol{\mu}_{i,j}^2 + \boldsymbol{\Sigma}_{i,jj} \Big)}, j \in \{1,2,\cdots,N\}$$

$$\qquad\qquad\qquad\qquad\qquad\qquad\qquad\qquad\qquad (10-41)$$

由于 $\gamma_j \geqslant 0$,α_j 取正值。同样,求 λ 的导数,令其为 0,求解的值等于式(10-22)中的 λ。由式(10-41)和式(10-35)、式(10-36)进行迭代运算,直到收敛准则满足。同样,由于式(10-36)涉及对 $N \times N$ 维矩阵求逆,对于较大维数运算变得不可行,因此发展了快速算法。

10.4.3.2 快速次优化解

快速算法的推导步骤和 10.4.2 节中类似,考虑 $L_2(\boldsymbol{\gamma},\lambda,\nu)$ 中只和

γ 有关的项,可得

$$L_2(\gamma) = -\frac{1}{2}\sum_{i=1}^{L}\left[(M_i + 2a)\ln(y_i^{\mathrm{T}}B_i^{-1}y_i + 2b) + \ln(\det(B_i)) + \lambda\sum_{j=1}^{N}\gamma_j\right]$$

$$= -\frac{1}{2}\sum_{i=1}^{L}\left[(M_i + 2a)\ln\left(\frac{1}{2}y_i^{\mathrm{T}}B_{i,-j}^{-1}y_i + b\right) + \ln(\det(B_{i,-j}))\right.$$

$$\left. + \lambda\sum_{k=1(\neq j)}^{N}\gamma_k\right] + \mathrm{const\_1} - \frac{1}{2}\sum_{i=1}^{L}\left[\ln(1 + \gamma_j s_{i,j})\right.$$

$$\left. + (M_i + 2a)\ln\left(1 - \frac{\gamma_j q_{i,j}^2/g_{i,j}}{1 + \gamma_j s_{i,j}}\right) + \lambda\gamma_j\right]$$

$$= L_2(\gamma_{-j}) + l_2(\gamma_j) \qquad (10-42)$$

其中,$B_i = I + \sum_{k=1(\neq j)}^{N}\gamma_k\boldsymbol{\Phi}_{i,k}\boldsymbol{\Phi}_{i,k}^{\mathrm{T}} + \gamma_j\boldsymbol{\Phi}_{i,j}\boldsymbol{\Phi}_{i,j}^{\mathrm{T}} = B_{i,-j} + \gamma_j\boldsymbol{\Phi}_{i,j}\boldsymbol{\Phi}_{i,j}^{\mathrm{T}}$,$B_{i,-j}$ 是 B_i 去除基函数 $\boldsymbol{\Phi}_{i,j}$ 贡献后的矩阵;$\det(B_i) = \det(B_{i,-j})\det(1 + \gamma_k\boldsymbol{\Phi}_{i,j}^{\mathrm{T}}B_{i,-j}^{-1}\boldsymbol{\Phi}_{i,j})$;$B_i^{-1} = B_{i,-j}^{-1} - \gamma_j\dfrac{B_{i,-j}^{-1}\boldsymbol{\Phi}_{i,j}\boldsymbol{\Phi}_{i,j}^{\mathrm{T}}B_{i,-j}^{-1}}{1 + \gamma_j\boldsymbol{\Phi}_{i,j}^{\mathrm{T}}B_{i,-j}^{-1}\boldsymbol{\Phi}_{i,j}}$;$\gamma_{-j}$ 是去除 γ_j 后的向量;$s_{i,j}@$ $\boldsymbol{\Phi}_{i,j}^{\mathrm{T}}B_{i,-j}^{-1}\boldsymbol{\Phi}_{i,j}$;$q_{i,j}@\boldsymbol{\Phi}_{i,j}^{\mathrm{T}}B_{i,-j}^{-1}y_i$;$g_{i,j}@y_i^{\mathrm{T}}B_{i,-j}^{-1}y_i + 2b$。

对 $L_2(\gamma)$ 求 γ_j 的导数,可得

$$\frac{\mathrm{d}L_2(\gamma)}{\mathrm{d}r_j} = \frac{\mathrm{d}l_2(\gamma_j)}{\mathrm{d}r_j}$$

$$= -\frac{1}{2}\sum_{i=1}^{L}\frac{\gamma_j^2\lambda s_{i,j}\left(s_{i,j} - \dfrac{q_{i,j}^2}{g_{i,j}}\right) + \gamma_j\left[\lambda s_{i,j} + (s_{i,j} + \lambda)\left(s_{i,j} - \dfrac{q_{i,j}^2}{g_{i,j}}\right)\right]}{[1 + \gamma_j(s_{i,j} - q_{i,j}^2/g_{i,j})](1 + \gamma_j s_{i,j})}$$

$$+ -\frac{1}{2}\sum_{i=1}^{L}\frac{+ s_{i,j} + \lambda - (M_i + 2a)\dfrac{q_{i,j}^2}{g_{i,j}}}{[1 + \gamma_j(s_{i,j} - q_{i,j}^2/g_{i,j})](1 + \gamma_j s_{i,j})}$$

$$(10-43)$$

令其为 0,求解 γ_j。由于式($10-43$)分母中包含未知数 γ_j,使得准确地求解变得很困难。在式($10-43$)中用 $\alpha_j = 1/\gamma_j$ 代替 $1/\gamma_j$,可得

$$\sum_{i=1}^{L}\frac{\alpha_j^2\left[s_{i,j} + \lambda - (M_i + 2a)\dfrac{q_{i,j}^2}{g_{i,j}}\right] + \lambda s_{i,j}\left(s_{i,j} - \dfrac{q_{i,j}^2}{g_{i,j}}\right)}{(\alpha_j + s_{i,j} - q_{i,j}^2/g_{i,j})(\alpha_j + s_{i,j})}$$

$$+ \sum_{i=1}^{L} \frac{\alpha_j \left[\lambda s_{i,j} + (s_{i,j} + \lambda)\left(s_{i,j} - \dfrac{q_{i,j}^2}{g_{i,j}}\right)\right]}{(\alpha_j + s_{i,j} - q_{i,j}^2/g_{i,j})(\alpha_j + s_{i,j})} = 0 \qquad (10-44)$$

令 $A_2 @ \displaystyle\sum_{i=1}^{L} \frac{s_{i,j} + \lambda - (M_i + 2a) q_{i,j}^2/g_{i,j}}{(s_{i,j} - q_{i,j}^2/g_{i,j}) s_{i,j}}$,

$$B_2 @ \sum_{i=1}^{L} \frac{\lambda s_{i,j} + (s_{i,j} + \lambda)\left(s_{i,j} - \dfrac{q_{i,j}^2}{g_{i,j}}\right)}{(s_{i,j} - q_{i,j}^2/g_{i,j}) s_{i,j}}, C_2 @ L\lambda。$$

由于 $\gamma_j \geqslant 0$, α_j 不是大于 0, 就是无穷大。当 $A_2 = 0$ 时, $\alpha_j = \infty$; 当 α_j 取值大于 0 时, 由 $s_{i,j} \gg a_j$, 式 (10-44) 中分母 $(\alpha_j + s_{i,j} - q_{i,j}^2/g_{i,j})(\alpha_j + s_{i,j})$ 约等于 $(s_{i,j} - q_{i,j}^2/g_{i,j}) s_{i,j}$, 代替式 (10-44) 中相应项, 可得

$$-1/2(\alpha_j^2 A_2 + \alpha_j B_2 + C_2) = 0 \qquad (10-45)$$

则有

$$a_j \approx \frac{-B_2 \pm \sqrt{\Delta_2}}{2A_2} \qquad (10-46)$$

其中, $\Delta_2 = B_2^2 - 4A_2 C_2$, $C_2 \geqslant 0$。

当 $A_2 < 0$ 时, $\Delta_2 > 0$, 并且存在正解 $a_j \approx (-B_2 - \sqrt{\Delta_2})/(2A_2)$。这个有限近似解是在 $l_2(\gamma_j)$ 一个静态点的附近, 该静态点是 $l_2(\gamma_j)$ 的一个极大值点 (极大值点可能不唯一)。因此, 可得

$$\begin{cases} a_j \approx \dfrac{-B_2 - \sqrt{\Delta_2}}{2A_2}, A_2 < 0 \\ a_j = \infty, \text{其他} \end{cases} \qquad (10-47)$$

当 $\alpha_j = \infty$ 时等效于 $\theta_{i,j} = 0$, 此时等于把 $\boldsymbol{\Phi}_{i,j}$ 从模型中去除。和之前算法对比, 快速算法依次增加或去掉候选的基函数, 直到所有 n 个相关的基函数包括在内, 算法的复杂度和 n 相关而不是 N。

和 MCS 算法中一样, 对于所有在模型中和不在模型中的 $\boldsymbol{\Phi}_{i,j}$, 利用矩阵求逆准则可得到相对容易的计算 $s_{i,j}$ 和 $q_{i,j}$, 即通过更新

$$s_{i,j} = \frac{\alpha_j S_{i,j}}{\alpha_j - S_{i,j}}, q_{i,j} = \frac{\alpha_j Q_{i,j}}{\alpha_j - S_{i,j}}, g_{i,j} = G_i + \frac{Q_{i,j}^2}{\alpha_j - S_{i,j}}$$

$$(10-48)$$

其中

$$S_{i,j} = \boldsymbol{\Phi}_{i,j}^{\mathrm{T}} \boldsymbol{\Phi}_{i,j} - \boldsymbol{\Phi}_{i,j}^{\mathrm{T}} \boldsymbol{\Phi}_i \Sigma_i \boldsymbol{\Phi}_i^{\mathrm{T}} \boldsymbol{\Phi}_{i,j} \tag{10-49}$$

$$Q_{i,j} = \boldsymbol{\Phi}_{i,j}^{\mathrm{T}} y_i - \boldsymbol{\Phi}_{i,j}^{\mathrm{T}} \boldsymbol{\Phi}_i \Sigma_i \boldsymbol{\Phi}_i^{\mathrm{T}} y_i \tag{10-50}$$

$$G_i = \boldsymbol{y}_i^{\mathrm{T}} \boldsymbol{y}_i - \boldsymbol{y}_i^{\mathrm{T}} \boldsymbol{\Phi}_i \Sigma_i \boldsymbol{\Phi}_i^{\mathrm{T}} \boldsymbol{y}_i + 2b \tag{10-51}$$

下面阐述基于拉普拉斯先验的多任务快速重构算法的执行步骤。

基于拉普拉斯先验的多任务快速重构算法:

(1)输入投影矩阵 $\boldsymbol{\Phi} = \{\boldsymbol{\Phi}_1, \boldsymbol{\Phi}_2, \cdots, \boldsymbol{\Phi}_L\}$,观测值 $\boldsymbol{y} = \{\boldsymbol{y}_1, \boldsymbol{y}_2, \cdots, \boldsymbol{y}_L\}$,收敛门限 thresh。

(2)输出系数 $\boldsymbol{\theta} = [\boldsymbol{\theta}_1, \boldsymbol{\theta}_2, \cdots, \boldsymbol{\theta}_L]$,$\boldsymbol{\alpha} = [\alpha_1, \alpha_2, \cdots, \alpha_L]$。

(3)初始化所有 $\tilde{\alpha}_j = \infty, \lambda = 0$,其中,$j = 1, 2, \cdots, N$。

(4)初始化 $\tilde{S}_{i,j} = \boldsymbol{\Phi}_{i,j}^{\mathrm{T}} \boldsymbol{\Phi}_{i,j}, \tilde{Q}_{i,j} = \boldsymbol{\Phi}_{i,j}^{\mathrm{T}} \boldsymbol{y}, \tilde{G}_i = \boldsymbol{y}_i^{\mathrm{T}} \boldsymbol{y}_i + 2b$。

(5)初始化索引集 ind $= [\cdot]$,模型使用的基函数集 $\hat{\boldsymbol{\Phi}} = [\cdot]$。

(6)选择一个 j 直到满足 $A_2 < 0$,此时 $j = j_0$,计算 $\tilde{\alpha}_{j_0}$ 使用式(10-47)。

(7)初始化 $\tilde{\boldsymbol{\mu}}_i = \hat{\boldsymbol{\Sigma}}_i \hat{\boldsymbol{\Phi}}_{i,j_0} \boldsymbol{y}_{i,j_0}, \tilde{\boldsymbol{\Sigma}}_i = 1/(\tilde{\alpha}_{j_0} + \hat{\boldsymbol{\Phi}}_{i,j_0}^{\mathrm{T}} \hat{\boldsymbol{\Phi}}_{i,j_0})$。

(8)更新 ind $= [\mathrm{ind} \quad j_0], \hat{\boldsymbol{\Phi}} = [\hat{\boldsymbol{\Phi}} \quad \hat{\boldsymbol{\Phi}}_{\cdot, j_0}]$。

(9)while 收敛准则(式(10-52))不满足 do。

(10)$\tilde{s} = \hat{S}, \tilde{q} = \tilde{Q}, \tilde{g} = \tilde{G}$。

(11)对于 $j = \mathrm{ind}$,更新 $\tilde{s}_{i,j}, \tilde{q}_{i,j}, \tilde{g}_{i,j}$ 使用式(10-48)~式(10-51),$i = 1, 2, \cdots, L$。

(12)更新 λ,使用式(10-22)。

(13)对所有 j,计算 A_2,当 $A_2 > 0$ 时,更新 $\tilde{\alpha}_j$ 使用式(10-47),其索引记为 j_{A+},否则记为 $\overline{j_{A+}}$。

(14)令 $j_{est} = j_{A+} \cap \mathrm{ind}, j_{add} = j_{A+} - j_{est}, j_{del} = \overline{j_{A+}} \cap \mathrm{ind}$。

(15)分别对索引集 j_{est}、j_{add} 和 j_{del},使用式(10-53)~式(10-55),计算所有 j 对 $L_2(\gamma)$ 的增量 ΔL。

(16)找出最大的 ΔL 对应的 $j = j_{max}$。

(17)判断 j_{max} 属于 j_{est}、j_{add} 和 j_{del} 哪一个索引集。

（18）用相应索引集的更新公式，更新 $\tilde{\boldsymbol{\mu}}$、$\tilde{\boldsymbol{\Sigma}}$、$\tilde{S}_{i,j}$、$\tilde{Q}_{i,j}$、$\tilde{G}_i$。

（19）if $j_{\max} \in j_{\text{add}}$，then ind $= \begin{bmatrix} \text{ind} & j_{\max} \end{bmatrix}$，$\hat{\boldsymbol{\Phi}} = \begin{bmatrix} \hat{\boldsymbol{\Phi}} & \hat{\boldsymbol{\Phi}}_{j_{\max}} \end{bmatrix}$，end if。

（20）if $j_{\max} \in j_{\text{del}}$，then $j_{\max}$ 从 ind 中去除，去除 $\hat{\boldsymbol{\Phi}}_{\cdot\,j_{\max}}$，$\tilde{\alpha}_{j_{\max}} = \infty$，end if。

（21）end while。

（22）$\boldsymbol{\theta} = \tilde{\boldsymbol{\mu}}$。

（23）$\boldsymbol{\alpha} = \tilde{\boldsymbol{\alpha}}$。

算法收敛准则为

$$| \Delta L(\boldsymbol{\gamma}^k) - \Delta L(\boldsymbol{\gamma}^{k-1}) | / | \max(\Delta L(\boldsymbol{\gamma})) - \Delta L(\boldsymbol{\gamma}^k) | < \text{threshold} \tag{10-52}$$

式中：$\Delta L(\boldsymbol{\gamma}^k)$ 代表第 k 次迭代时 $L_2(\boldsymbol{\gamma})$ 的增量；threshold 为收敛门限。

步骤 15 中，$L_2(\boldsymbol{\gamma})$ 的增量 ΔL 为

$$\Delta L_{\text{add}} = l_2(\tilde{\gamma}_j) = l_2(1/\tilde{\alpha}_j) \tag{10-53}$$

$$\Delta L_{\text{del}} = -l_2(\tilde{\gamma}_j) = -l_2(1/\tilde{\alpha}_j) \tag{10-54}$$

$$\Delta L_{\text{est}} = l_2(\tilde{\gamma}_j) - l_2(\gamma_j) = l_2(1/\tilde{\alpha}_j) - l_2(1/\alpha_j) \tag{10-55}$$

式中：$\tilde{\gamma}_j$、$\tilde{\alpha}_j$ 分别代表 γ_j 和 α_j 的更新值。

下面来比较 MCS 算法和本书算法的区别。MCS 的框架基于下式：

$$\gamma_j^{\text{MCS}} = \underset{\gamma_j}{\arg\max} \Big\{ -\frac{1}{2} \sum_{i=1}^{L} \Big[\ln(1 + \gamma_j s_{i,j}) +$$

$$(M_i + 2a) \ln\Big(1 - \frac{\gamma_j q_{i,j}^2 / g_{i,j}}{1 + \gamma_j s_{i,j}}\Big) \Big] \Big\} \tag{10-56}$$

而本书算法基于框架

$$\gamma_j^{\text{LMCS}} = \underset{\gamma_j}{\arg\max} \Big\{ -\frac{1}{2} \sum_{i=1}^{L} \Big[\ln(1 + \gamma_j s_{i,j}) +$$

$$(M_i + 2a) \ln\Big(1 - \frac{\gamma_j q_{i,j}^2 / g_{i,j}}{1 + \gamma_j s_{i,j}}\Big) + \lambda \gamma_j \Big] \Big\} \tag{10-57}$$

可见当 $\lambda = 0$ 时，MCS 是本书算法的特例。由于两种算法的准确解都很难得到，只比较两个近似解的关系。当 $\lambda = 0$ 时，$A_2 = \sum_{i=1}^{L} \dfrac{s_{i,j} - (M_i + 2a) q_{i,j}^2 / g_{i,j}}{(s_{i,j} - q_{i,j}^2 / g_{i,j}) s_{i,j}}$，$B_2 = L$，$C_2 = 0$，解式（10-47）变为

$$\begin{cases} a_j \approx \dfrac{L}{\displaystyle\sum_{i=1}^{L} \dfrac{(M_i + 2a)\,q_{i,j}^2/g_{i,j} - s_{i,j}}{(s_{i,j} - q_{i,j}^2/g_{i,j})\,s_{i,j}}}, & \displaystyle\sum_{i=1}^{L} \dfrac{(M_i + 2a)\,q_{i,j}^2/g_{i,j} - s_{i,j}}{(s_{i,j} - q_{i,j}^2/g_{i,j})\,s_{i,j}} > 0 \\[4mm] a_j = \infty, & \text{其他} \end{cases}$$

$$(10 - 58)$$

式(10 - 58)即为 MCS 的解。

本小节最后从共享先验信息 α_j 入手,分析 MCS 和 LMCS 的稀疏性。由于 $a_j = \infty$ 等效于 $\boldsymbol{\theta}_{i,j} = 0$,因此,$\boldsymbol{\alpha}$ 中元素为无穷的项越多,每个任务的 $\boldsymbol{\theta}_i$ 系数越稀疏。为分析方便,令 α_j^{MCS} 和 α_j^{LMCS} 分别表示 MCS 和 LMCS 的 α_j 值,令 $m @ \displaystyle\sum_{i=1}^{L} \dfrac{(M_i + 2a)\,q_{i,j}^2/g_{i,j} - s_{i,j}}{(s_{i,j} - q_{i,j}^2/g_{i,j})\,s_{i,j}}, n @ s\displaystyle\sum_{i=1}^{L} \dfrac{\lambda}{(s_{i,j} - q_{i,j}^2/g_{i,j})\,s_{i,j}}$,可得 $A_2 = n - m$,进而 $A_2 < 0$ 等效为 $m > n$。值得注意的是当 $\displaystyle\sum_{i=1}^{L} \dfrac{1}{(s_{i,j} - q_{i,j}^2/g_{i,j})\,s_{i,j}} > 0$ 时(即 $n \geq 0$),可得

$$\begin{cases} \alpha_j^{\mathrm{MCS}} = \infty, \alpha_j^{\mathrm{LMCS}} = \infty, m < 0 \\[3mm] \alpha_j^{\mathrm{MCS}} \approx \dfrac{L}{m}, \alpha_j^{\mathrm{LMCS}} = \infty, 0 \leq m \leq n \\[3mm] \alpha_j^{\mathrm{MCS}} \approx \dfrac{L}{m}, \alpha_j^{\mathrm{LMCS}} \approx \dfrac{-B_2 - \sqrt{\Delta_2}}{2A_2}, m > n \end{cases}$$

$$(10 - 59)$$

从式(10 - 59)可以看出,如果上述条件满足,α_j^{LMCS} 取值为无穷大的数量大于或等于 α_j^{MCS}(数量相等的情况一般出现在 $\lambda = 0$ 的时候,而 $\lambda = 0$ 时,LMCS 退化为 MCS),即由 LMCS 得到的 $\boldsymbol{\theta}_i$ 和 MCS 得到的 $\boldsymbol{\theta}_i$ 至少一样稀疏。理论上推导什么情况下 $\displaystyle\sum_{i=1}^{L} \dfrac{1}{(s_{i,j} - q_{i,j}^2/g_{i,j})\,s_{i,j}} > 0$ 比较困难,但从大量实验仿真来看,当压缩采样点数足够多时,大于 0 的情况经常出现,进而可得由 LMCS 求得非零系数的个数小于 MCS 求得非零系数的个数,即前者比后者稀疏。

10.5　仿真实验与分析

10.5.1　采样信号的抽取算法仿真

在本节仿真实验中,采用的信号为线性调频信号,设置参数如下。信号脉宽为 $10\eta s$,载频为 50MHz,调制斜率为 0.2,采样频率为 500MHz。如图 10.3(a)中实线所示,原始信号的频谱带宽大约为 4MHz,用 500 MHz 的采样频率对该信号进行采样,显然采样频率过高,采样数据有大量冗余。为此使用本章介绍的采样信号抽取方法对高速率采样信号进行处理。经过频谱检测可知 $a = \text{ceil}(f/(4w))$ 大于 10,为了保留信号细节,在 $a > 10$ 的情况下把其设置为 10,因此每隔 9 个采样点对高速采样信号进行抽取。

对抽取后的信号进行 FFT 变换,得到信号频谱如图 10.3 中虚线所示。图 10.3 中描述的是未滤波时在不同信噪比下原始高速采样信号和抽取信号频谱对比情况,实线表示原始信号频谱,虚线表示抽取信号的频谱。为了对比抽样前后频谱变化情况,频率幅值采用归一化幅值。图 10.3(a)~(d)中信噪比依次降低,可以看出在较高信噪比时原始信号和抽取信号的频谱重叠较好,抽取的信号可以保留信号的细节;在较低信噪比时原始信号和抽取信号的频谱重叠略差,但信号带宽基本没有变化。在图 10.4 所示的仿真实验中,在原始信号抽取前进行了滤波操作,为了减少噪声对仿真实验的影响,从图中可以看出经过滤波后在较低信噪比情况下,原始信号和抽取信号的频谱也能重叠较好,较好地保留了信号的细节。证实了采样信号抽取方法在减小采样数据量的同时也较好地保留了信号的内部信息。

为了保证算法的有效性需要说明是,采样信号在进行抽取时,还要保证原始采样信号的数据长度足够多(即在某一较高采样率下,信号长度较长,如本例中使用的信号长度是 $10\mu s$),如果数据长度较短,抽取后采样点数可能较少,进行频域变化后会发现,频率分辨率降低。需要说明的另一点是,对于载频较大的情况,可以把信号带宽的最小频率值作为平移量,把信号平移到略大于 0Hz 的频域点,然后对其进行抽

227

取,频域恢复时把平移频率量进行补偿即可。

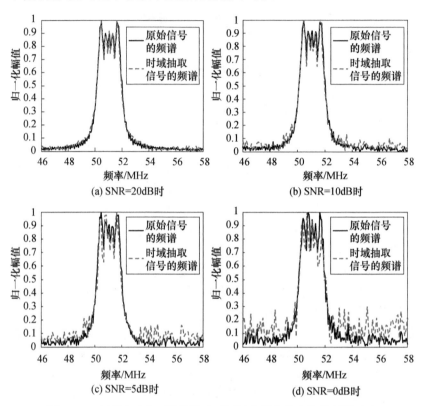

图 10.3　未滤波时在不同信噪比下原始信号和抽取信号频谱对比

10.5.2　一般性稀疏信号的多任务重构算法仿真

在本小节中,针对一般的稀疏信号进行蒙特卡洛实验来证实第 9.4 节中 LMCS 算法的有效性。本节原始信号为奈奎斯特速率采样信号,其信号长度设为 $N = 500$。实验中采用两种原始信号:一种稀疏信号的非零元素位置被随机的赋值为 ± 1,即稀疏二进制信号;一种稀疏信号的非零元素服从独立同分布的均值为 0、方差为 1 的高斯分布,即稀疏高斯信号。观测矩阵中元素同样服从独立同分布的均值为 0、方差为 1 的高斯分布,其列的模值被规范化为 1。

出于对比的目的,实验分别采用 BCS 算法和 MCS 算法。在实验中,用符号"ST – BCS"和"MCS"分别表示 BCS 算法和 MCS 算法,其中"ST"表示单任务,引入该符号为了强调 BCS 算法和 MCS 算法分别为单任务和多任务重构算法。同时,也用符号"LST – BCS"表示文献[184]中基于拉普拉斯先验的单任务重构算法。当执行三个对比算法("ST – BCS""MCS"和"LST – BCS")和提出的 LMCS 算法时,初始化参数 $a = 10^3$ 和 $b = 1$,以至于这里考虑的所有算法中噪声精度参数有相同的先验分布。

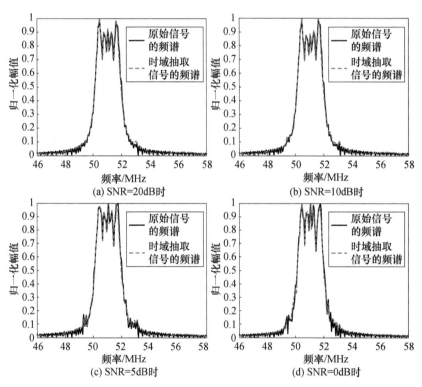

图 10.4 滤波后在不同信噪比下原始信号和抽取信号频谱对比

实验中采用平均归一化重构误差作为主要的算法性能评价标准,平均归一化重构误差表示为 $\frac{1}{L} \sum\limits_{i=1}^{L} \parallel \boldsymbol{\theta}_i - \hat{\boldsymbol{\theta}}_i \parallel_2 / \parallel \boldsymbol{\theta}_i \parallel_2$,其中,$\boldsymbol{\theta}_i$ 和

229

$\hat{\boldsymbol{\theta}}_i$ 分别表示对应第 i 次任务的原始信号和估计的原始信号。平均归一化重构误差并没有完全反映出算法的性能,为此,实验也给出重构信号支撑集(即信号非零元素的位置)的错误估计率,即 $\frac{1}{L}\sum_{i=1}^{L}$ $\| S(\boldsymbol{\theta}_i - S(\hat{\boldsymbol{\theta}}_i) \|_0 / N$,其中,$\| \cdot \|_0$ 代表 l_0 范数,$S(\boldsymbol{\theta}_i)$ 表示把 $\boldsymbol{\theta}_i$ 的所有非零值设置为 1 的操作。像 MCS 算法中一样,下面实验同样考虑 $L = 2$ 个任务。每个任务对应的原始信号有 64 个非零位置,非零位置随机选取。噪声向量中元素服从均值为 0、标准差为 0.01 的高斯分布。

图 10.6 中分别给出当 $\lambda = 0$、$\lambda = 1$、$\lambda = 2$ 和用式(10-22)估计得到的 λ 值时 LMCS 算法的重构性能,图中显示的是 200 次蒙特卡洛实验的平均结果。特别地,图 10.5(a)和图 10.5(b)分别给出的是针对二进制信号和针对高斯信号的平均重构误差随压缩观测次数的变化情况。从图中可以看出,随着压缩观测次数的增加,LMCS 算法的重构性能逐渐变好,当 λ 值用式(10-22)估计得到时重构性能最好,而且可以看到当 $\upsilon = 0$ 时和当 υ 使用式(10-24)估计时重构性能一样。出现这种情况的原因是当 λ 与 υ 联合估计时得到的 λ 值和事先令 $\upsilon = 0$ 估计得到的 λ 值是一样的。下面给出进一步的解释,当 λ 与 υ 联合估计时得到的 υ 值一般为非零正值而且小于 1,由于噪声水平比较小,噪声精度参数 β 就较大,由式(10-33)可以得知 γ_j 的值也很大(由于原始信号元素的方差较小),仔细观察式(10-22)可以发现当信号长度 N 较大而且 γ_j 的值也很大时,较小的非零 υ 值对 λ 的估计可以忽略不计。因此,在下面的实验中 υ 的取值为 0。值得注意的是,对于 Gamma 分布而言(见式(10-14))$\upsilon = 0$ 是一个边界值,当 υ 趋近于 0 时,λ 的先验分布变为 $p(\lambda) \propto 1/\lambda$,其中符号 $\propto$ 表示正比于。但是这并不影响原始信号的先验信息为拉普拉斯先验的事实(见式(10-15)),换句话说,LMCS 算法比 MCS 算法对原始信号的非零元素有更强的稀疏性限制,从图 10.6 和图 10.7 可以看出,签证比后者具有更好的重构性能。

图 10.6 显示的是两个原始信号的相关性对 LMCS 算法的影响,考虑两个二进制信号非零位置分别有 75% 和 50% 交叠的情况。图 10.6

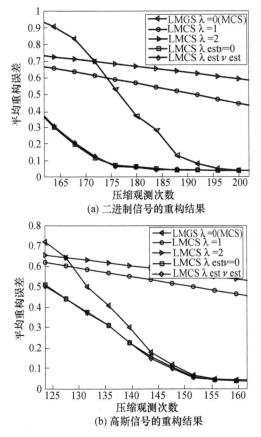

图 10.5 当 λ 和 υ 取不同值时的 LMCS 算法性能比较

(a)和图 10.6(b)分别给出的是平均重构误差和信号支撑错误估计率随压缩观测次数的变化情况,实验结果取 50 次蒙特卡洛实验的平均值,出于比较的目的,在图 10.6(a)中也给出了 ST – BCS、LST – BCS 和 MCS 的实验结果。从图 10.6(a)可以看出 LMCS 和 MCS 的性能远好于 ST – BCS 和 LST – BCS 的重构性能,这是由于前面两个算法采用了先验共享模型(见 10.4.1 节)。LMCS 和 MCS 的性能随着压缩观测数的增加而变好,而且在信号不同的相关性下前者性能优于后者,性能提高的主要原因是在 LMCS 算法中采用了拉普拉斯先验,LMCS 算法比MCS 算法具有更大的灵活性,使得后者是前者的特殊情况(见式

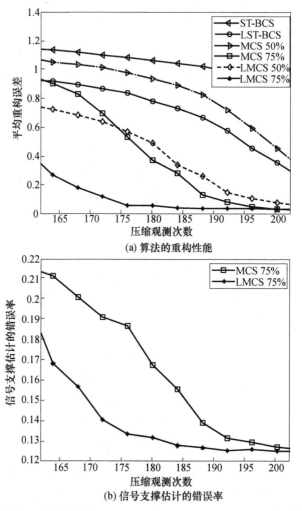

(a) 算法的重构性能

(b) 信号支撑估计的错误率

图 10.6　针对二进制信号的 ST – BCS、LST – BCS、MCS 和 LMCS 算法性能比较

(10 – 56)、式(10 – 57))。从图 10.6(b)可以看出,在原始信号相关性为 75% 时,LMCS 比 MCS 提供了更好的信号支撑估计。针对高斯信号图 10.7 重复图 10.6 中实验,得到的结果和图 10.6 中结果一致,这里不再赘述。

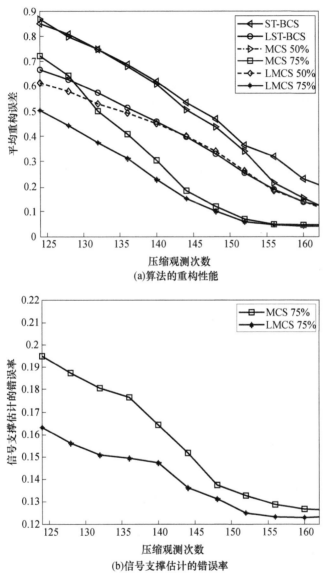

图 10.7　针对高斯信号的 ST - BCS、LST - BCS、MCS 和 LMCS 算法性能比较

10.6 本章小结

本章介绍了两种缓解采样信号存储资源有限的数据压缩方法:一种是采样信号的抽取技术,该技术首先在频域对信号带宽进行检测,然后根据检测的带宽大小以一定的比例对原始采样信号进行均匀抽取;另一种是压缩重构技术,提出了针对一般性采样信号的多任务压缩重构算法,由于单任务重构算法是多任务重构算法的特例,因此发展的多任务压缩重构算法也适用于单任务的情况。实验仿真证明这些技术可以大大减少数据存储量。

参考文献

［1］ 赵娜,孟新,胡圣波. 深空探测自主无线电通信技术研究综述［J］. 仪器仪表学报,2007, 4:856-859.

［2］ 胡圣波,孟新,姚秀娟,等. 深空探测中的自主无线电关键技术［J］. 空间科学学报, 2007,6: 512-517.

［3］ Lu M Q,Xiao X C,Li L M. Source separation based modulation recognition of cochannel signals［C］. ICCT'98,1998,S38-07:1-5.

［4］ Tien T L,Talhami H,Nguyen D T. Target signature extraction based on the continuous wavelet transform in ultra-wideband radar［J］. Electronic Letters,1997,33:89-91.

［5］ Zhi L W,Xue X W,Zhen Z G,et al. Automatic digital modulation recognition based on support vector machine［C］. IEEE Conf. on Neural Networks and Brain,picataway,NJ. USA 2005, 1025-1028.

［6］ Octavia A D,Yeheskel B N,Wei S. Robust QAM modulation classification algorithm using cyclic cumulants［C］. IEEE Communications Society,WCNC,2004,12:745-748.

［7］ 胡延平,李广森,李纲,等. 利用参数统计方法自动识别数字调制信号［J］. 通信学报, 2002,2: 58-65.

［8］ 杨文华,高梅国. 基于平面变换技术的脉冲信号分选［J］. 北京理工大学学报,2005,2: 151-154.

［9］ Nishiguchi K,Kobayashi M. Improved algorithm for estimating pulse repetition intervals［J］. IEEE Trans. on Aerospace and Electronic Systems,2000,2: 407-421.

［10］ 孙洪,安黄彬. 一种基于盲源分离的雷达信号分选方法. 现代雷达,2006,3:47-50.

［11］ Gao J H,Dong X L,Wang W B,et al. Instantaneous parameters extraction via wavelet transform［J］. IEEE Trans on Geoscience and Remote Sensing 1999,37:867-870.

［12］ 杨春华,陆志宏. 雷达侦察系统细微特征分析［J］. 舰船电子对抗,2004,27:16-20.

［13］ 杨林,周一宇,孙仲康. TDOA 被动定位方法及精度分析［J］. 国防科技大学学报, 1998,2:49-53.

［14］ Deng X P,Liu Z,Jiang W L,et al. Passive location method and accuracy analysis with phase difference rate measurements［J］. IEE Proc. Radal,Sonar Navig,2001,5:302-307.

［15］ Venkatraman S,Jr J C,You H R. A novel TOA location algorithm using LoS range estimation for NLOS environments［J］. IEEE Trans. on vehicular technology,2004,5:1515-1524.

［16］ 总装备部卫星有效载荷及应用技术专业组应用技术分组. 卫星应用现状与发展(上、下)［M］. 北京:中国科学技术出版社,2000.

［17］ 曹志刚,钱亚生. 现代通信原理［M］. 北京:清华大学出版社,1992.

［18］ 梁斌,朱洪波. 移动通信 Rician 信道中的多普勒影响分析［J］. 南京邮电学院学报,

2002,1:11 – 14.

[19] Irfan A, Bonanni P G, Naofal A D, et al. Doppler Applications in LEO satellite communication systems[R]. Kluwer Academic Publishers,2002,Boston:32.

[20] Mammone R J,Rothaker R J,Podilchuk C I. Estimation of carrier frequency,modulation type and bit rate of an unknown modulated signal[C]. ICC'87,1987:1006 – 1012.

[21] Koh B S,Lee H S. Detection of symbol rate of unknown digital communication Signals [J]. Electronic Letters,1993,29: 278 – 279.

[22] 周欣,吴瑛. 一种基于小波变换和循环自相关的波特率估计方法[J]. 信息工程大学学报,2007,8:171 – 174.

[23] Carlos M,Sandro S,Roberto L V. Non – data – aided symbol rate estimation of linearly modulated signals[J]. IEEE Trans. on signal processing. 2008,56:664 – 674.

[24] Ho K C,Prokopiw. W,Chan. Y. T. Modulation identification of digital signals by the wavelet transform[J]. IEE Proc. – Radar,Sonar Navig. 2000,147:169 – 176.

[25] Chan Y T,Plews J W,Ho K C. Symbol rate estimation by the wavelet transform[C]. ISCAS' 97,1997: 177 – 180.

[26] Xu J,Wang F P,Wang Z J. The improvement of symbol rate estimation by the wavelet transform[C]. ICCCS'2005,2005:100 – 103.

[27] 邓振森,刘渝. 基于多尺度 Haar 小波变换的 MPSK 信号码速率盲估计[J]. 系统工程与电子技术,2008, 30: 36 – 40.

[28] 闻翔,陈国杰. 一种改进的基于小波变换的波特率估计算法[J]. 计算机工程与设计, 2006, 27: 2558 – 2563.

[29] 周德锁,田红心,李建军,等. 一种用于全数字化 QPSK 解调的大频偏矫正算法[J]. 电子学报,2000,7:44 – 47.

[30] Ciblat P,Ghogho M. Blind NLLS carrier frequeney – offset estimation for QAM,PSK and PAM modulations:Performance at low SNR[J]. IEEE Trans. Commun. ,2006,54(10):1725 – 1730.

[31] Chung W,Sethares W A,Johnson C R. Timing Phase offset recovery based on dipersion minimization[J]. IEEE Trans. Signal Proe,2005,53(3): 1097 – 1109.

[32] Rota L,Comon P,Blind equalization based on polynomial criteria[C]. ICASSP,Montreal, 2004,4: 441 – 444.

[33] 张锦钰,闫毅,姚秀娟,等. 超高速数字解调中 QPSK 信号的符号同步研究[J]. 电子测量技术,2009,6:12 – 16.

[34] Veterbi A J,Veterbi A M. Nonlinera estimation of PSK – modulated carrier phase with application to burst digital transmissions[J]. IEEE Trans Inform Theory,1983,IT – 29:543 – 551.

[35] Mazzenga F,Corazza G E. Blind least – squares estimation of carrier phase,doppler shift,and doppler rate for M – PSK burst transmission[J]. IEEE communications,1998,2(3):73 – 75.

[36] 李晶,朱江,张尔扬,等. 高速 8PSK 调制信号的频率捕获及跟踪算法研究[J]. 信号处理,2005,1:66 - 69.

[37] Ghogho M,Swami A,Durrani T. Blind estimation of frequency offset in the presense of unknown multipath[C]. IEEE ICPWC'2000,2000:104 - 108.

[38] 王立乾,赵国庆,郑秀文. 基于现代谱估计的 PSK 信号频率估计方法[J]. 现代电子技术,2003,23:44 - 47.

[39] Gardner F M. Interpolation in digital modems - Part I:Fundamentals[J]. IEEE Trans. Communications,1993, COM - 41:501 - 507.

[40] Erup L,Gardner F M,Harris R A. Interpolation in digital modems - Part II: Inplementation and Performance[J]. IEEE Trans. communications,1993, COM - 41: 998 - 1008.

[41] 张国柱,黄可生,姜文利,等. 基于信号包络的辐射源细微特征提取方法[J]. 系统工程与电子技术,2006,4:795 - 797.

[42] 王宏伟,赵国庆,王玉军. 基于脉冲包络前沿高阶矩特征的辐射源个体识别[J]. 现代雷达,2010,10:42 - 45.

[43] 潘继飞,姜秋喜,毕大平. 雷达"指纹"参数选取[J]. 现代防御技术,2007,1:71 - 75.

[44] 石明军,邓名桂,肖立民,等. 一种新的数字调制信号符号率估计和同步算法[J]. 通信技术,2009,42:30 - 35.

[45] Liedtke F F. Computer simulation of an automatic classification procedure for digitally modulated communication signals with unknown parameters[J]. signal processing,1984,6: 311 - 23.

[46] Soliman S S,Hsue Z S. Signal classification using statistical moments[J]. IEEE Trans. on communications,1992,40: 908 - 916.

[47] Polydiros A ,Kim K. On the detection and classification of quadrature digital modulations in broad - band noise[J]. IEEE Trans. on Communications,1990,38: 1109 - 1211.

[48] Boiteau D,Martret C L. A general maximum likelihood framework for modulation classification [C]. ICASSP'98,1998:2165 - 2168.

[49] Wei W,Mendel. Maximum - likelihood classification for digital amplitude - phase modulations[J]. IEEE Transactions on Communications,2000,48: 189 - 193.

[50] 罗利春. 无线电侦察信号分析与处理.[M]. 北京:国防工业出版社,2003.

[51] Pauluzzi D R,Beaulieu N C. A comparison of SNR estimation techniques for the AWGN channel[J]. IEEE Trans. on Conununications,2000,48:1681 - 1691.

[52] Edwards C D,Barbieri A,Brower E, et al. A martin telecommunications network: UHF relay support of the Mars global surveyor,Mars Odysser,and Mars express orbiters[C]. IAC - 94 - M. 5. 07. In: International Astronautical congress 2004,canada,2004: 1 - 11.

[53] Hamkins J,Simon M,Dolinar S, et al. An overview of the architecture of an autonomous radio [R]. In: Interplanetary Network Progress Report,California: JPL,Pasadena,2004,42: 1 - 14.

237

[54] Shin D J, Sung W J, Kim I K. Simpel SNR estimation methods for QPSK modulated short bursts. Proc[J]. IEEE Globaleom, SanAntonio, Texas, USA, 2001 : 3644 - 3647.

[55] 许华,樊龙飞,郑辉. 一种 QAM 信号的盲信噪比估计算法[J]. 电子学报,2005,4: 758 - 761.

[56] Beidas B F, Weber C L. Higher - order correlation - based approach to modulation classification of digitally frequency - modulated signals[J]. IEEE Trans. on selected areas in communications, 1995, 13 : 89 - 101.

[57] Schreyogg C, Reichert J. Modulation Classification of QAM schemes using the DFT of phase histogram combined with modulus information[C]. Proceedings of IEEE MILCOM, 1997, Monterey, CA : 1372 - 1376

[58] Han Y Y, Lee W C, Yoon D W. On the error rate evaluation and modulation classification for coherent and noncoherent PSK signals using the transformation of random variable[C]. IEEE ICC'93, Geneva, Switzerland, 1993 : 1508 - 1514.

[59] Gardener W A. Spectral correlation of modulated signals : PART II - digital modulation[J]. IEEE Trans. Communication, 1987, 35 : 595 - 601.

[60] 吕杰,张胜付,邵伟华,等. 数字通信信号自动调制识别的谱相关方法[J]. 南京理工大学学报,1999,23 : 297 - 299.

[61] Risueno G L, Grajal J, Yeste - Jeda O A. Two digital receivers based on time - frequency analysis for signal interception[J]. The international Proceedings of radar, 2003 : 394 - 99.

[62] 皇甫堪,陈建文,楼生强. 现代数字信号处理[M]. 北京:电子工业出版社,2003.

[63] 张炜. 数字通信信号调制方式自动识别研究[D]. 湖南:国防科技大学,2006.

[64] 吕铁军,魏平,肖先赐. 基于分形和测度理论的信号调制识别 [J]. 电波科学学报, 2001, 16 : 123 - 127.

[65] 甘建超. 混沌信号处理在雷达和通信对抗中的应用[D]. 成都:电子科技大学,2004.

[66] Ananthram S, Brian M S. Hierarchical digital modulation classification using cumulants[J]. IEEE Trans. on communications, 2000, 48 : 416 - 429.

[67] 李兴生,杜蔚轩,李德毅. 一种基于云模型的 PSK/QAM 信号调制识别方法[J]. 测控技术,2003,22 : 15 - 19.

[68] Nathalie D, Bernard E, Philippe G , et al. Asymptotic wavelet and gabor Analysis : Extraction of instantaneous frequencies[J]. IEEE Trans on information theory, 1992, 38 : 644 - 664.

[69] Hara S, Wannasammaytha A, Tsuchida Y, et al. A novel FSK demodulation method using shorttime analysis for LEO satellite communication systems[J]. IEEE Trans. on Vehicular Technology, 1997, 46 : 625 - 633.

[70] Luis B, Almeida. The fractional fourier transform and time - frequency representations[J]. IEEE Trans. on signal processing, 1994, 42 : 3084 - 3091.

[71] Mann S, Haykin S. "chirplets"and""warblets" : novel time - frequency mothods[J]. Electronics letters, 1992, 28 : 114 - 116.

[72] Mihovilovic D,Bracewell R N. Adaptive chirplet representation of signals on time – frequency plane[J]. Electron. Lett. ,1991,13：1159 – 1161.

[73] Boualem B. Estimating and interpreting the instantaneous frequency of a signal – part Ⅰ：fundamental[J]. Proceeding of the IEEE,1992,4：520 – 538.

[74] 张贤达. 现代信号处理[M]. 北京：清华大学出版社,2002.

[75] Gao J H,Dong X L,Wang W B,et al. Instantaneous parameters extraction via wavelet transform[J]. IEEE Trans on Geoscience and Remote Sensing, 1999,37：867 – 870.

[76] Liang H, HO K C. Identification of digital modulation types using the Wavelet Transform [C]. IEEE,ICASSP,1999：427 – 431.

[77] 陈建文,葛临东,吴月娴. 利用小波脊线实现数字调制信号的自动识别[J]. 电路与系统学报,2007,12：73 – 77.

[78] Lin Yu – Chuan,Kuo C C. A practical PSK modulation classifier using wavelets[C]. SPIE, 1995,2491：492 – 503.

[79] Richard O. Duda,Peter E. Hart,David G. Stork. 模式分类[M]. 李宏东,姚天翔,等译. 北京：机械工业出版社,2003.

[80] Kania A A,Farley G. Wavelet transform and its application to the identification of short duration pulses[C]. CCECE ,1993：409 – 412.

[81] 吴江标,万方,郁春来. 基于小波变换法的相位编码信号脉内特征提取[J]. 航天电子对抗,2005,21：38 – 40.

[82] 郁春来,何明浩,张元发. 脉内相位编码雷达信号识别的小波变换方法[J]. 空军雷达学院学报,2003,17,1 – 6.

[83] Durak ,Arikan. Short – time fourier transform：two fundamental：properties and an optimal implementation[C]. IEEE Trans. on signal processing,2003,5：1231 – 1242.

[84] 王兵,羿旭明. 一种提取小波脊线的迭代算法[J]. 数学杂志,2005,25：295 – 298.

[85] Özkurt N,Savacl F,Determination of wavelet ridges of nonstationary signals by singular value decomposition[J]. IEEE Trans on Circuits and Systems—Ⅱ：Express Briefs, 2005, 52：480 – 485.

[86] Mallat S. A theory formulti – resolution signal decomposition,the wavelet representation[J]. IEEE Transactions on Pattern Analysis and Machine Intelligence,1989,11：674 – 693.

[87] Veterbi A J,Veterbia A M. Nonlinear estimation of PSK – modulated carrier phase with application to burst digital transmissions[J]. IEEE Trans Inform Theory,1983,IT – 29：543 – 551.

[88] Barbieri A,Colavolpe G. On the cramer – rao bound for carrier frequency estimation in the presence of phase noise[J]. IEEE Trans. on Wireless Communications,2007,2：575 – 582.

[89] Scheper R A,Teolis A. Cramer – Rao bounds for wavelet transform – Based Instantaneous frequency estimates[J]. IEEE Trans. on Signal Processing,2003,6：1593 – 1603.

[90] 赵福才,胡以华,张立. 利用小波变换进行 MC – MPSK 信号载频盲估计[J]. 北京邮电

239

大学学报,2008,3:133-136.

[91] Kwok K,Jones L. Improved Instantaneous Frequency estimation using an adaptive short - time fourier transform[J]. IEEE trans. on signal processing,2000,10 :2964 -2972.

[92] 尉宇,孙德宝,郑继刚. 基于 FrFT 优化窗的 STFT 及非线性调频信号瞬时频率估计 [J]. 宇航学报,2005,3:217-222.

[93] Satyanadh G,Vijayan A. Face detection technique based on rotation invariant wavelet features [C]. ITCC 2004:157-158.

[94] 袁晓,虞厥邦. 复解析小波变换与语音信号包络提取和分析[J]. 电子学报,1999,27: 142-144.

[95] LU C T,WANG H C. Enhancement of single channel speech based on masking property and wavelet transform[J]. Speech Communication,2003,39:409-427.

[96] Donoho D L. De - noising by softthresholding[J]. IEEE Trans on In formation Theory,1995, 41:613-627.

[97] Ching P C,So H C,Wu S Q. On wavelet denoising and its applications to time delay estimation [C]. IEEE Trans. on Signal Processing,1999,47:2879-2882.

[98] Huang K ,Li H R . Analyzing signals of axletree faults by wavelet [J]. Science Technology and Engineering,2006,6: 4778-4780.

[99] 徐金梧,徐科. 小波变换在滚动轴承故障诊断中的应用[J]. 机械工程学报,1997,33: 50-55.

[100] 杨福生. 小波变换的工程分析与应用[M]. 北京:科学出版社,1999.

[101] 陈建文. 基于小波脊的数字信号的调制识别[硕士学位论文] [D]. 郑州:解放军信息工程大学,2007.

[102] 胡建伟,汤建龙,杨绍全. 使用小波变换的 MPSK 信号调制类型识别[J]. 电路与系统学报,2006,3:130-135.

[103] Rene A C,Wen L H,Bruno T. Multiridge detection and time - frequency Reconstruction [J]. IEEE Trans. on signal processing,1999,47: 480-492.

[104] Wu H C,Gupta N,Mylavarapu P. Blind multiridge detection for automatic nondestructive testing using ultrasonic signals[J]. IEEE Trans. on ultrasonics,ferroelectrics,and frequency control,2006,53: 1902-1911.

[105] Hill D A,Bodie J B. Experimental carrier detection of BPSK and QPSK direct sequence spread spectrum signals[C]. IEEE Military Communications Conference MILCOM,1995,1: 362-367.

[106] Chi Yi,Lu Han,Zhongzhao Zhang. Carrier frequency estimation for balanceable DS - SS/ QPSK signal in non - cooperative communication systems[C]. IEEE International Conference on Communication Technology,2006:1-4.

[107] Rife D C,Vincent G A. Use of the discrete Fourier transform in the measurement of frequencies and levels of tones [J]. Bell Sys. Tech. J,1970,49:197-228.

240

[108] Jane V K, Collins W L, Davis D C. High – accuracy analog measurements via interpolated [J]. IEEE Trans, 1979, IM – 28(2): 113 – 122.

[109] 林云松,黄勇,肖先赐. 实正弦信号的快速相位差分频率估计方法[J]. 电子科技大学学报,1999,8(2):120 – 123.

[110] 孟建. 相参信号频谱的精确估计[J]. 系统工程与电子技术,1999. 21(10): 67 – 70.

[111] Wang J, Yang Z X, Pan C Y. A combined code acquisition and symbol timing recovery method for TDS – OFDM[J]. IEEE Trans. on Broadcasting. 2003, 49: 304 – 308.

[112] Ohno K, Adachi F. Fast clock synchroniser using initial phase presetting DPLL (IPP – DPLL) for burst signal reception [J]. Electronics Letters, 1991, 27: 1902 – 1904.

[113] Treiehler J, Bohanon J. Blind demodulation of high – order QAM signals in the Presence of Cross – Pole interference [J]. ISCAS, 1998, 4: 585 – 588.

[114] 许小东, 非协作数字通信系统盲解调 [D]. 合肥:中国科技大学, 2007.

[115] Gardner W A. Signal interception: a unifying theoretical frame work for feature detection. Communications[J]. IEEE Transactions on, 1988, 36(8): 897 – 906.

[116] Dandawate A V, Giannakis G B. Statistical tests for presence of cyclostationarity [J]. Signal Processing, IEEE Trans on 1994, 42: 2355 – 2369.

[117] Ciblat P, Loubaton P, Serpedin E, et al. Asymptot analysis of blind cyclic correlation – based symbol rate estimation[J]. IEEE Trans. on Information Theory, 2002, 48: 1922 – 1934.

[118] 冯旭哲,杨俊,罗飞路. 基于小波变换的通信信号码元速率估计[J]. 系统仿真学报, 2008, 20(5): 1259 – 1261.

[119] 高勇,黄振,陆建华. 基于小波变换的 MPSK 信号符号速率估计算法[J]. 数据采集与信号处理(增刊), 2009, 12: 167 – 170.

[120] 高勇,黄振,陆建华. 基于小波变换的 MFSK 信号符号率估计算法[J]. 装备指挥技术学院学报, 2009, 3: 57 – 60.

[121] Mallat S. A theory for multi – resolution signal decomposition, The wavelet representation [J]. IEEE Trans. on Pattern Analysis and Machine Intelligence, 1989, 11: 674 – 693.

[122] Alkin Q, Caglar H. Design of efficient M – band coders with linear – phase and perfect – reconstruction properties[J]. IEEE Trans Signal Processing, 1995, 43: 1579 – 1590.

[123] Irfan A. Doppler characterization for LEO satellites[J]. IEEE Trans. on Commu, 1998, 46: 309 – 313.

[124] 王海江,杨琳,杨晓波. 多普勒频移对低轨卫星通信抗干扰的影响[J]. 电波科学学报,2004,19: 496 – 499.

[125] 纪勇,徐佩霞. 基于小波变换的数字信号符号率估计[J]. 电路与系统学报,2003,8: 12 – 15.

[126] 陆建华,刘伟华,黄振. 采用三点加权插值算法的通信信号载频估计方法[P]:中国, 200710179488. 2008:5.

[127] Azzouz E E, Nandi A K. Procedure for automatic recognition of analogue and digital modula-

tions[J]. IEE Proc. Comm,1996,143: 259 – 266.

[128] Nandi A K,Azzouz E E. Algorithms for automatic modulation recognition of communication signals[J]. IEEE Trans. Comm,1998,46: 431 – 436.

[129] Azzouz E E,Nandi A K. Automatic modulation recognition of communication signals[J]. Netherlands:Kluwer Academic Publishers,1996.

[130] Azzouz E E,Nandi A K. Automatic identification of digital modulation types [J]. Signal Processing,1995,47:55 – 59.

[131] Ketterer H,Jondral F,Costa A H. Classification of modulation modes using time – frequency methods[C]. ICASSP. 1999,5:2471 – 2474.

[132] 詹亚锋,通信信号自动制式识别及参数估计[D]. 北京:清华大学, 2004.

[133] Bijan G M. Digital modulation classification using constellation shape [J]. Signal Processing,2000,80:251 – 277.

[134] Jin J D,Kwak Y J,Lee K W, et al. Modulation type classification method using wavelet transform for adaptive modulator [C]. IEEE Proceedings of 2004 International Symposium on Intelligent Signal Processing and Communication Systems seoul, south korea: 289 – 292.

[135] 姚文杨. 雷达信号脉内分析与识别 [D]. 哈尔滨:哈尔滨工程大学,2012.

[136] Murphy K P. Machine Learning: A Probabilistic Perspective [M]. Massachusetts Cambridge,U. K. The MIT Press,2012.

[137] 张葛祥. 雷达辐射源信号智能识别方法研究 [D]. 成都:西南交通大学,2005.

[138] 杨猛. 基于规则的模式分类方法研究 [D]. 长沙:国防科学技术大学,2003.

[139] Hastie T,Tibshirani R,Friedman J. The Elements of Statistical Learning [M]. berlin Springer,2009.

[140] Vapnik V. Statistical Learning Theory [M]. New Jersey John Wiley & Sons,1998.

[141] Nello C,John S. Support Vector Machines [M]. Cambridge,U. K. ,Cambridge University Press, 2000.

[142] 栗志意. i – vector 说话人识别系统若干关键问题研究 [D]. 北京:清华大学,2014.

[143] Shawe – Taylor J,Cristianini N. Kernel Methods for Pattern Analysis. Cambridge [M]. Cambridge,U. K. , University Press,2004.

[144] Zhang W Q,Liu W W,Li Z Y,et al. Spoken language recognition based on gap – weighted subsequence kernels [J]. Speech Communication,2014,60,1 – 12.

[145] Hsu C W,Lin C J. A comparison of methods for multi – class support vector machine [J]. IEEE Transactions on Neural Network,2002,13(2): 415 – 425.

[146] Krebel U. Pairwise classification and support vector machines [M]. Massachusetts cambridge,U. K. The MIT Press,1999. 255 – 268.

[147] Bottou L,Comes C,Denker J,et al. Comparison of classifier methods: a case study in handwriting digit recognition [C]. Proceedings of International Conference on Pattern Recognition. Jerusalem,Israel,1994. 77 – 87.

［148］ Fumitake T,Shigeo A. Decision tree – based multiclass support vector machines［C］. Proceedings of the 9th International Conference on Neural Information Processing. Singapore, 2002, 1418 – 1422.

［149］ Ciblat P,Loubaton P,Serpedin E,et al. Performance analysis of blind carrier frequency offset estimators for noncircular transmissions through frequency seleetive channals［J］. IEEE Trans. Signal Proeessing,2002,50:130 – 140.

［150］ Nissila M,PasuPathy S. Joint estimation of carrier frequency offset and statistical Parameters of the multipath fading channel［J］. IEEE Trans. Commun. ,2006,54:1038 – 1048.

［151］ 高勇,黄振,陆建华. 基于小波变换的 MDPSK 信号盲解调算法［J］. 清华大学学报, 2009,8. 1172 – 1175.

［152］ Yong Gao,Mu Li,Zhen Huang,et al. A new demodulation algorithm of DPSK signals in high dynamic circumstance, Communication Conference on Wireless Mobile & Computing,shang hai IET International conference on,2009.

［153］ 高勇,黄振,陆建华. 基于小波变换的 MFSK 信号盲解调算法［J］. 装备指挥技术学院学报,2010,2: 82 – 87.

［154］ 高勇,黄振,陆建华. 基于迭代结构的改进 morlet 小波快速算法［J］. 清华大学学报, 2010,1:113 – 116.

［155］ 张绪省,朱贻盛,成晓雄,等. 信号包络提取方法——从希尔伯特变换到小波变换［J］.电子科学学刊,1997,1:120 – 123.

［156］ 张雯雯,司锡才,柴娟芳,等. 基于小波窗口的模极大值去噪算法［J］. 系统工程与电子技术,2008,10:1844 – 1846.

［157］陆满君,詹毅,司锡才,等. 基于瞬时频率细微特征分析的 FSK 信号个体识别,2009,5: 1043 – 1046.

［158］ 孙娜. 通信电台细微特征研究［D］. 北京:北京邮电大学,2010.

［159］ 叶菲,罗景青,海磊. 基于分形维数的雷达信号脉内调制方式识别［J］. 计算机工程与应用［J］. 2008,15:155 – 157.

［160］ 林鸿溢,李映雪. 分形论—奇异性探索［M］. 北京:北京理工大学出版社,1992.

［161］ 张葛祥,胡来招,金炜东. 雷达辐射源信号脉内特征分析［J］. 红外与毫米波学报, 2004,23(6):477 – 480.

［162］ 林颖,常永贵,李文举,等. 基于一种新阈值函数的小波阈值去噪研究［J］. 噪声与振动控制,2008,2:79 – 81.

［163］ Tomazic S. Znidar S. A fast recursive STFT algorithm［J］. Electrotechnical Conference, 1996,2:1025 – 1028.

［164］ Saso T. On short – time fourier transform with single – sided exponential window［J］. Signal processing 1996,4:141 – 148.

［165］ Hong L, Ho K C. Identification of digital modulation types using the wavelet transform［C］. IEEE,ICASSP,1999: 427 – 431.

[166] Ciblat P, Loubaton P, Serpedin E, et al. Asymptotic analysis of blin cyclic correlation – based symbol – rate estimators [J]. IEEE Trans. Inf. Theory, vol48, No. 7, 2002, 7: 1922 – 1934.

[167] Candès E. Compressive sampling [C]. Proceedings of the International Congress of Mathematicians. Zürich, Switzerland, European Mathematical Society Publishing House, March, 2006: 1433 – 1452.

[168] Candès E, Romberg J. Quantitative robust uncertainty principles and optimally sparse decompositions [J]. Foundations of Comput Math, 2006, 6(2): 227 – 254.

[169] Baraniuk R. A lecture on compressive sensing [J]. IEEE Magazine. Signal Process, 2007, 24(4): 118 – 121.

[170] Candès E. The restricted isometry property and its implications for compressed sensing [J]. Acadèmie des sciences, 2006, 346(1): 598 – 592.

[171] Candès E, Romberg J, Tao T. Robust uncertainty principles: Exact signal reconstruction from highly incomplete frequency information [J]. IEEE Trans. Inf. Theory, 2006, 52 (2): 489 – 509.

[172] Donoho D L. Compressed sensing [J]. IEEE Trans. Inf. Theory, 2006, 52(4): 1289 – 1306.

[173] Chen S, Donoho D L, Saunders M A. Atomic decomposition by Basis Pursuit [J]. SIAM J. Sci. Comp, 1999, 20(1): 33 – 61.

[174] Gorodnitsky I, Bhaskar D R. Sparse signal reconstruction from limited data using FOCUSS: a re – weighted minimum norm algorithm [J]. IEEE Trans. Signal Processing, 1997, 45 (3): 600 – 616.

[175] Mallat S G, Zhang Z. Matching pursuits with time – frequency dictionaries [J]. IEEE Trans. Signal Processing, 1993, 41(12): 3397 – 3415.

[176] Pati Y C, Rezaiifar R, Krishnaprasad P S. Orthogonal matching pursuit: recursive function approximation with applications to wavelet decomposition [C]. in Proc. 27th Ann. Asilomar Conf. Signals, Systems, and Computers, 1993.

[177] Donoho D L, Tsaig Y, Drori I, et al. Sparse solution of underdetermined linear equations by stagewise orthogonal matching pursuit [J]. 2012(2): 1094 – 1121.

[178] Blumensath T, Davies M E. Iterative thresholding for sparse approximations [J]. Journal of Fourier Analysis and Applications, 2008, 14(5): 629 – 654.

[179] Foucart S. Hard thresholding pursuit: an algorithm for compressive sensing [J]. SIAM Journalon numerical analysis, 2011: 49(6): 2543 – 2563.

[180] Needell D, Tropp J A. CoSaMP: Iterative signal recovery from incomplete and inaccurate samples [J]. Appl. Comput. Harmon. Anal, 2009, 26: 301 – 321.

[181] Dai W, Milenkovic O. Subspace pursuit for compressive sensing signal reconstruction [J]. IEEE Trans. oninformation theory. 2009, 55(5): 2230 – 2249.

[182] Ji S, Xue Y, Carin L. Bayesian compressive sensing[J]. IEEE Trans. Signal Process, 2008, 56(6): 2346 - 2356.

[183] Babacan S, Molina R, Katsaggelos A. Bayesian compressive sensing using Laplace priors [J]. IEEE Trans. Image Process, 2010, 19(1): 53 - 63.

[184] Ji S, Dunson D, Carin L. Multi - task compressive sensing[J]. IEEE Trans. Signal Process. ,2009, 57(1): 92 - 106.

[185] Wipf D P, Rao B D. An empirical Bayesian strategy for solving the simultaneous sparse approximation problem[J]. IEEE Trans. Signal Process. ,2007, 55(7): 3704 - 3716.

[186] Tipping M E. Sparse Bayesian learning and the relevance vector machine[J]. Mach. Learn. Res, 2001, 1: 211 - 244.

[187] Qi Y, Liu D, Carin L, et al. Multi - Task Compressive Sensing with Dirichlet Process Priors [C]. Proceedings of the 25 th International Conference on Machine Learning, Helsinki, Finland, 2008.

[188] Ziniel J, Schniter P. Efficient high - dimensional inference in the multiple measurement vector problem[J]. arXiv:1111. 5272 [cs. IT], IEEE Trans. signal Processing, 2013, 61(2): 340 - 354.

[189] Ziniel J, Rangan S, Schniter P. A generalized framework for learning and recovery of structured sparse signals[C]. in Proc. IEEE Workshop Statist. Signal Process. , Ann Arbor, MI, USA, Aug. 2012: 325 - 328.

[190] Johnson N, Kotz S, Balakrishnan N. Continuous Univariate Distributions[M]. New York: Wiley, 1994.

[191] Wimalajeewa T, Chen H, Varshney P K. Performance Limits of Compressive Sensing - Based Signal Classification[J]. IEEE Trans. Signal Process, 2012, 60(6): 2758 - 2770.

[192] Themelis K E, Rontogiannis A A, Koutroumbas K D. A Novel Hierarchical Bayesian Approach for Sparse Semisupervised Hyperspectral Unmixing[J]. IEEE Trans. Signal Process, 2012, 60(2): 585 - 599.

[193] Caruana R. Multitask learning[J]. Mach. Learn, 1997, 28(1): 41 - 75.

[194] Baxter J. Learning internal representations[C]. In COLT: Proc. Workshop on Computat. Learn. Theory, 1995.

[195] Baxter J. A model of inductive bias learning[J]. Journal of artificial Intelligence research, 2000(2):49 - 98.

[196] Lawrence N D, Platt J C. Learning to learn with the informative vector machine[C]. In Proc. 21st Int. Conf. Mach. Learn. (ICML 21), 2004.

[197] Yu K, Tresp V, Schwaighofer A. Learning Gaussian processes from multiple tasks[C]. In Proc. 22nd Int. Conf. Mach. Learn. (ICML 22), 2005.

[198] Zhang J, Ghahramani Z, Yang Y. Learning multiple related tasks using latent independent component analysis[C]. In Proc. Adv. Neural Inf. Process. Syst, 2005.

245

[199] Ando R K,Zhang T. A framework for learning predictive structures from multiple tasks and unlabeled data[J]. Mach. Learn. Res,2005,6: 1817 – 1853.

[200] Evgeniou T, Micchelli C A, Pontil M. Learning multiple tasks with kernel methods[J]. Mach. Learn. Res,2005,6: 615 – 637.

[201] Burr D, Doss H. A Bayesian semiparametric model for random – effects meta – analysis[J]. Amer. Statist. Assoc,2005,100(469): 242 –251.

[202] Dominici F, Parmigiani G, Wolpert R, et al. Combining information from related regressions [J]. Agricult. , Biolog. Environ. Statist. ,1997,2(3): 294 –312.

[203] Hoff P D. Nonparametric modeling of hierarchically exchangeable data[M]. washington Univ. Wash. Statist. Dep. ,Tech. Rep. 421,2003.

[204] Müller P, Quintana F, Rosner G. A method for combining inference across related nonparametric Bayesian models[J]. J. Royal Statist. Soc. Ser. B,2004,66(3): 735 –749.

[205] Mallick B K, Walker S G. Combining information from several experiments with nonparametric priors[J]. Biometrika,1997,84(3): 697 –706.

[206] Bishop C M. Pattern Recognition and Machine Learning[M]. New York: Springer – Verlag,2006.

[207] Candès E. Compressive sampling[C]. Proceedings of the International Congress of Mathematicians. Zürich, Switzerland, European Mathematical Society Publishing House, March, 2006: 1433 –1452.